本书出版受教育部人文社科项目"14YJC630032"、重庆市社会科学规划项目"yjg153039"、重庆市基础与前沿项目"cstc2013jcyjA90022"支持

Theoretical and empirical
research on the path of environmental
technology innovation

环境技术创新路径的
理论与实证研究

范群林◎著

U0364142

经济管理出版社
ECONOMY & MANAGEMENT PUBLISHING HOUSE

图书在版编目（CIP）数据

环境技术创新路径的理论与实证研究/范群林著 . —北京：经济管理出版社，2017.7
ISBN 978 - 7 - 5096 - 5205 - 3

Ⅰ . ①环…　Ⅱ . ①范…　Ⅲ . ①环境保护—技术革新—研究—中国　Ⅳ . ①X - 12

中国版本图书馆 CIP 数据核字（2017）第 148578 号

组稿编辑：杨雅琳
责任编辑：胡　茜
责任印制：黄章平
责任校对：陈　颖

出版发行：经济管理出版社
　　　　　（北京市海淀区北蜂窝 8 号中雅大厦 A 座 11 层　100038）
网　　址：www. E - mp. com. cn
电　　话：（010）51915602
印　　刷：北京玺诚印务有限公司
经　　销：新华书店
开　　本：720mm × 1000mm/16
印　　张：12
字　　数：195 千字
版　　次：2017 年 9 月第 1 版　　2017 年 9 月第 1 次印刷
书　　号：ISBN 978 - 7 - 5096 - 5205 - 3
定　　价：48. 00 元

前　言

　　当今世界，科学技术是综合国力竞争的决定性因素，自主创新已成为支撑经济、社会、环境可持续发展的筋骨。改革开放以来，我国经济建设取得了巨大成就，备受世人关注，综合国力不断增强，人们生活水平也逐步提高。同时，我国作为全球制造中心，长期以来过于强调经济增长，以严重污染和破坏环境为代价进行发展，使得我国付出了沉痛的环境代价，各种生态环境危机、能源危机与气候变化危机接踵而至。环境、生态、能源已成为制约经济、社会发展的瓶颈，其中最主要的是环境污染和资源短缺问题。现今，我国的第二产业仍占有很大比例，工业的发展仍然是促进我国经济增长主要的动力源泉，但是，工业企业的快速发展也带来了一系列环境问题。为了解决这些环境难题，必须要重视环境保护，而加强环境保护，必须依靠科技创新，不断提高科学技术对环境保护的支撑能力。对此，环境技术创新是解决这些问题的关键，合理的环境政策能够有效地激励企业进行环境技术创新。环境约束下的技术创新成为一个根本的动力和解决问题的出发点，有必要对基于环境约束的技术创新的规律进行深入研究。同时，学术界也开始对环境技术创新给予越来越多的关注。

　　本书正是以环境技术创新为研究对象，沿着"动力—行为—能力"这一路径，研究了我国环境技术创新的动力、行为、效率、能力、机理等相关问题，尤其是我国环境政策工具对环境技术创新能力的影响机理，揭示出我国目前的环境技术创新能力及环境政策工具发展的现状、存在的不足及可能的原因，这不仅对促进我国环境技术创新能力的发展具有重要意义，而且对政府改进和实施环境政策工具同样具有重要的指导意义。本书主要的工作与结论有：

　　（1）基于环境技术创新动力的文献综述，对重庆长安汽车集团公司开展新能源汽车研发创新的动力进行分析发现，长安汽车公司在面临外部环境压力、新能源汽车前景和现有环境创新实力时，将"绿色、科技、责任"理念作为其重要战略，制定了公司发展的"G-Living战略"，高度重视新能源问题，力图通过传统汽车节能、混合动力技术应用，到最终实现完全新能源（纯电动、太阳能）汽车的创新路径来实现可持续发展。

（2）基于时间阶段的划分与动态规划模型，在将环境技术创新的方式分为自主创新和模仿创新的基础上，通过对企业模仿创新行为的收益率、成功率，以及冗余资源的收益与自主创新行为之间关系的刻画，研究了自主创新效用最大化。研究得知：企业的冗余资源收益越高，其自主创新的时间点越晚，增长率也越高，但对增长率的稳定性影响不大；企业模仿创新行为的收益率越高，其自主创新的时间点越晚，增长率越高，同时，增长率会越早进入一个稳步增长状态；企业模仿创新行为成功率的高低对自主创新及其增长率没有明显影响。

（3）基于企业之间知识和信息的交流与学习，构建了环境技术创新在企业之间竞争扩散的模型。研究发现，创新扩散与创新之间的竞争具有正反馈关系，企业的学习能力对创新扩散的速度具有显著影响。如果一项创新的环境技术要在产业中获得广泛的采用，那么必须要在与其他技术进行竞争的过程中具有较强优势。

（4）从中心化效率和投入产出效率视角，将省市的创新辐射集中体现在中心化效率上，借此反映出环境技术创新效率的核心及地区内环境技术创新扩散和可持续竞争优势的源泉，通过对环境技术创新相关变量指标的计算，测度了我国六大地区26个省（市、区）的环境技术创新效率，对比分析了西南地区5个省（市、区）环境技术创新效率的水平和特征。

（5）收集环境技术创新投入、产出与关联的相关变量和数据，利用多元统计分析方法，研究了我国各地区环境技术创新能力的分类特征。结果显示：第一类地区主要是包括海南在内的长期以来经济发展较为落后、生态环境遭受破坏相对较少的我国西部地区；第二类地区主要集中在技术引进与吸收能力强、区域内企业实力强、人力资本积聚能力强的东部和中部地区；第三类地区主要集中在我国农业产业发展历史悠久，但随着农业向工业快速发展，所遭受的环境破坏也愈发严重的中部地区；第四类地区主要包括辽宁、四川等我国工业制造业最为集中和发达的地区；第五类地区则是我国市场经济发展最完善、环保方面的经济活动表现相对较优的东南沿海地区。

（6）以我国30个省（市、区）的大中型工业企业为对象，基于面板数据模型，探讨了环境政策、技术进步、市场结构对环境技术创新的影响。结果表明，环境政策工具中，环境法制与环境影响评估对环境技术创新不存在显著影响，"三同时"制度存在正向的显著影响，而排污许可证制度、污染限期治理制度存在负向的显著影响，且均存在明显的累积效应。同时，人力资本存量对环境技术创新存在显著的正向影响，且其作用较之其他因素最大。研发投入却存在负向影响，说明劳动依然是我国大中型工业企业的主要贡献要素，发展模式仍属粗放型。此外，技术市场对环境技术创新存在正向影响，并存在累积效应，表明对未来国内市场需求的预期会促进更多的创新。产品出口却不存在显著影响，说明我国大部分环境友好型产品仍然针对的是国内市场，而非全球市场，出口贸易未有效推动各地区工业企业环境创新能力的提升。

（7）以我国1999~2008年汽车业为对象，基于动态计量模型，从产品创新和过程创新两个方面，通过环境政策、技术进步、市场结构、产业特征四个维度，实证研究了对我国汽车产业环境技术创新的影响。结果表明：环境政策工具中的环境影响评估制度和污染限期治理制度，技术进步中的 R&D 投入与人力资本存量，市场结构中的产品销售利润率与环境技术创新存在长期的均衡关系，且其长期均衡对产品创新短期波动的影响不大，仅有污染限期治理和 R&D 投入的长期均衡对过程创新短期波动的影响显著。同时，环境影响评估制度、R&D 投入、人力资本存量、产品销售利润率均为产品创新和过程创新的格兰杰原因，而污染限期治理是产品创新的格兰杰原因，过程创新是污染限期治理的格兰杰原因。

目　录

第一章　绪论 ……………………………………………………………… 1

　第一节　研究背景 ……………………………………………………… 1

　　一、现实背景 ………………………………………………………… 1

　　二、理论背景 ………………………………………………………… 3

　第二节　研究意义 ……………………………………………………… 5

　第三节　研究内容 ……………………………………………………… 6

　第四节　研究方法 ……………………………………………………… 8

　第五节　技术路线 ……………………………………………………… 8

第二章　文献综述与研究框架 …………………………………………… 10

　第一节　技术创新与环境技术创新的联系与区别 …………………… 10

　　一、技术创新与环境保护的关系 ………………………………… 10

　　二、技术环境和环境技术的区别 ………………………………… 11

　　三、环境技术创新的内涵与特点 ………………………………… 12

　　四、环境技术创新的分类 ………………………………………… 14

　　五、环境技术创新的动力要素 …………………………………… 16

　　六、技术学习与环境技术创新的关系 …………………………… 18

　第二节　技术创新与制度创新的关系 ………………………………… 19

　　一、技术创新系统及其特点 ……………………………………… 21

　　二、制度环境与环境保护的关系 ………………………………… 21

三、技术创新与制度创新的关系 ………………………… 22

四、技术与制度共同作用下的企业创新战略选择 ……… 24

第三节 环境政策工具及其对环境技术能力的影响 ……… 26

一、环境政策工具的演变 ……………………………… 26

二、环境政策工具与企业竞争优势 …………………… 29

三、目前我国环境政策工具的特点 …………………… 30

第四节 环境政策工具对环境技术创新能力的影响 ……… 32

一、理论研究成果 ……………………………………… 33

二、实证研究成果 ……………………………………… 36

第五节 "动力—行为—能力"研究框架 ………………… 38

第六节 本章小结 …………………………………………… 39

第三章 企业环境技术创新动力研究 ……………………… 41

第一节 环境技术创新的影响因素 ………………………… 41

一、需求拉动因素 ……………………………………… 42

二、技术推动因素 ……………………………………… 43

三、环境政策因素 ……………………………………… 43

第二节 重庆长安汽车集团创新现状 ……………………… 44

第三节 内外环境压力迫使长安进行环境创新 …………… 45

一、交通能源与环境问题是我国面临的严峻挑战 …… 45

二、未来二十年是我国汽车产业转型的重要战略机遇期 … 46

三、国外各国新能源汽车发展战略相继出台 ………… 46

四、我国新能源汽车产业政策的相继出台 …………… 47

五、新能源汽车产业化环境的逐步完善 ……………… 48

第四节 新能源汽车前景促使长安进行环境创新 ………… 50

一、混合动力汽车前景 ………………………………… 50

二、纯电动汽车前景 …………………………………… 51

三、燃料电池汽车前景 ………………………………… 52

第五节 现有新能源实力支持长安汽车进行环境创新 …… 54

一、确定低碳环保为核心的新能源战略和规划 ……… 54

二、强化研发力量，掌握新能源汽车核心技术 ……… 55

三、建立国内领先的新能源汽车产业化基地 ……… 57

四、成立并加入新能源汽车产业联盟 ……… 58

五、成立了专业化的新能源汽车公司 ……… 59

第六节 结论与建议 ……… 60

第七节 本章小结 ……… 62

第四章 企业环境技术创新决策模型研究 ……… 63

第一节 模型假设 ……… 64

第二节 模型构建 ……… 66

第三节 模型求解 ……… 68

第四节 参数讨论 ……… 69

一、创新决策随冗余资源收益的变化 ……… 70

二、创新决策随模仿创新收益率的变化 ……… 73

三、创新决策随模仿创新行为成功率的变化 ……… 77

第五节 本章小结 ……… 79

第五章 企业环境技术创新的竞争扩散模型研究 ……… 81

第一节 模型构建 ……… 82

第二节 模型分析 ……… 84

一、平衡点分析 ……… 84

二、竞争扩散模型平衡点的稳定性分析 ……… 84

三、经济意义解释 ……… 86

第三节 数值计算 ……… 89

第四节 本章小结 ……… 91

第六章　基于中心化效率的中国环境技术创新效率研究
　　——以西南地区为例 ··· 92

　第一节　环境技术创新效率的核心：中心化效率 ··············· 93

　第二节　环境技术创新效率的测度 ······························· 93

　　一、投入产出效率的测度 ······································· 93

　　二、中心化效率的测度 ··· 94

　第三节　西南地区环境技术创新效率分析 ······················· 95

　　一、比较省（市、区）的选取 ··································· 95

　　二、指标选取和数据来源 ······································· 96

　　三、权重计算 ··· 96

　　四、环境技术创新效率计算 ····································· 97

　　五、投入、产出、效率的相关性分析 ··························· 101

　第四节　结论与建议 ··· 101

　第五节　本章小结 ··· 102

第七章　基于多元统计方法的中国环境技术创新能力分类研究 ········ 103

　第一节　研究设计 ··· 103

　第二节　研究过程 ··· 104

　　一、变量选择与数据收集 ······································· 104

　　二、变量聚类分析 ··· 106

　　三、主成分分析 ··· 107

　　四、样本聚类 ··· 109

　　五、判别分析 ··· 109

　第三节　结果与对策 ··· 112

　　一、第一类区域 ··· 112

　　二、第二类区域 ··· 112

　　三、第三类区域 ··· 113

　　四、第四类区域 ··· 113

五、第五类区域 ……………………………………………………… 114

第四节　本章小结 …………………………………………………… 114

第八章　基于面板数据模型的中国大中型工业企业
环境技术创新能力研究 ………………………………… 116

第一节　研究设计 …………………………………………………… 116

第二节　实证过程 …………………………………………………… 118

一、变量说明与样本选择 ………………………………………… 118

二、模型建立与数据描述 ………………………………………… 120

三、单位根检验 …………………………………………………… 121

四、模型选择 ……………………………………………………… 121

五、估计结果 ……………………………………………………… 122

第三节　结论与建议 ………………………………………………… 128

一、环境政策工具对环境技术创新能力的影响 ………………… 128

二、技术进步对环境技术创新能力的影响 ……………………… 130

三、市场结构对环境技术创新能力的影响 ……………………… 131

第四节　本章小结 …………………………………………………… 133

第九章　基于动态计量模型的中国汽车产业环境技术创新能力研究 ………… 134

第一节　研究设计 …………………………………………………… 135

第二节　实证过程 …………………………………………………… 137

一、变量说明与样本选择 ………………………………………… 137

二、模型变量描述 ………………………………………………… 140

三、逐步回归分析 ………………………………………………… 140

四、单位根检验 …………………………………………………… 142

五、协整检验 ……………………………………………………… 143

六、格兰杰因果关系检验 ………………………………………… 144

七、误差修正模型检验 …………………………………………… 146

第三节　结论及建议 ………………………………………………… 148

一、环境政策工具对环境技术创新能力的影响 ·················· 148

二、技术进步对环境技术创新能力的影响 ···················· 149

三、市场结构对环境技术创新能力的影响 ···················· 152

第四节　本章小结 ·· 155

第十章　总结与展望 ·· 156

第一节　主要研究内容和创新点 ···································· 156

第二节　研究不足与展望 ··· 158

参考文献 ·· 160

第一章 绪论

第一节 研究背景

一、现实背景

18 世纪工业革命以来，国民经济的极大发展繁荣了人们的物质生活，但是由此而引发的环境污染、资源匮乏等一系列环境问题也制约着工业企业的发展。当今世界，科学技术已成为各个国家角逐综合国力的决定性因素，而自主创新亦随之发展，并构成了支撑经济、社会、环境可持续发展的筋骨[1]。改革开放以来，尤其自加入世界贸易组织以来，我国的工业化程度不断提高，这也带动了国民经济的迅猛发展，经济增长速度已超越许多发达国家，我国经济建设取得了巨大成就，国内生产总值以年均 8.1% 的速度增长，经济总量占全球经济的比重也从 1980 年的 2.59% 迅速爬升到 2010 年的 14%，雄居全球第三。但是，与此同时，我国作为全球制造中心和世界的工厂，长期以来过于强调经济增长而忽略了环境问题，以严重污染和破坏环境为代价进行发展，使得我国付出了沉痛的环境代价，尤其是工业企业以过分消耗资源、严重污染和破坏生态环境为代价来追求快速发展，导致资源短缺、能源危机、生态环境危机和气候变化危机等一系列问题接踵而来，各种生态环境危机、能源危机与气候变化危机蜂拥而至。生态环境面临着生产生活污染叠加，点、线、面源污染共存，新旧污染物交织，水气土污染相互影响的复杂态势^[2]。这些资源、污染等环境问题已经阻碍了我国经济的发展。如何改善生态环境、减少资源消耗、转变经济增长方式，已成为现阶段政府和企业面临的严峻问题。

可以说，环境、生态、能源已成为制约经济、社会发展的瓶颈。中国不仅需要克服金融危机影响、保持经济快速增长，还要在面临大气污染、水污染、垃圾处理问题等一系列严峻环境问题前缓解环境压力、减少能源消耗。在我国现有的经济发展模式中，经济增长与环境保护问题是不可忽视的矛盾。想要使得这些矛盾与问题能够得到很好的解决，应当在促进经济发展的同时加强对生态环境的保护。为了解决这些环境难题，必须要使经济与环境协调发展，要重视环境保护，而加强环境保护，必须依靠科技创新[3]，不断提高科学技术对环境保护的支撑能力。由此得出，环境技术创新是解决这些问题的主要出发点和根本因素。所以，对如何制定有效的环境政策来激励企业环境技术创新行为的深入研究是十分必要的，与此同时，各国学术界也逐渐开始对环境技术创新给予越来越多的关注。对此，环境约束下的技术创新成为一个根本的动力和解决问题的出发点[1]，有必要对基于环境约束的技术创新的规律进行深入研究。因此，我国在规划科学技术未来中长期发展路径与地图时，已将与环境保护密切相关的科学技术列入了优先发展的范畴[4,5,6]①。同时，学术界也开始对环境技术创新（Environmental Technical Innovation）② 给予越来越多的关注。

目前，我国工业企业的环境技术创新往往通过引进国外先进技术才能得以实现。一方面，我国通过引进国外先进技术，有力地推动了工业企业污染减排、能源节约消耗和产品技术更新换代，提高了我国工业企业的环境技术创新水平；另一方面，我国长期以来注重引进，忽略消化吸收以及进一步创新，造成我国对国

---

① 《关于实施科技规划纲要 增强自主创新能力的决定》中把环境保护作为国家科技发展的五个战略重点和16个重点专项之一；《关于落实科学发展观加强环境保护的决定》中明确提出要依靠科技创新机制，大力发展环境科学技术，以技术创新促进环境问题解决；《关于增强环境科技创新能力的若干意见》中则进一步明确要通过实施国家环境科技创新工程，使环保工作牢牢建立在全面依靠科技创新和技术进步的基础上。

② 环境技术创新是环境创新的重要组成部分。环境创新实质是一种系统性的组织创新和技术创新。环境技术创新是指技术创新要向更清洁的生态化转变，带有减少污染排放和资源消耗的目的，也带有提高利润率、改善产品质量等商业目的。常见的清洁生产技术（Cleaner Production Technologies）和末端治理技术（End – of – pipe Technologies）就属于环境技术创新。

外技术的路径依赖，使得我国工业企业的独立创新能力不断降低并失去进行环境技术创新的动力。现今，我国能够进行自主创新及科研的工业企业比例极低，不到万分之五。国际上公认的技术创新能力较强的国家，其企业对国外先进技术的依赖程度一般在30%以下，美国、日本以及欧洲一些发达国家仅为5%左右。在国际竞争中，缺乏自主知识产权、核心技术以及创新能力，不仅影响我国国民经济的可持续发展，而且还会使我国工业企业的市场竞争力减弱。由于基本的技术创新能力太过弱小，所以不可能在技术水平要求更高的环境技术创新方面有巨大进步，也不会对可持续发展做出有效贡献，所以工业企业环境技术创新能力的强弱是决定我国走上生态、经济和社会持续协调发展之路的重要力量之一。由于进行环境技术创新会增加企业的负担，所以工业企业进行环境技术创新需要政府有效的激励。可以说，合理的环境政策是促进企业环境技术创新的重要手段之一。

二、理论背景

必须要承认的是，大家长期以来所认识到和理解的技术创新，对于环境保护而言，是具有诸多有利作用的[7]，如表1-1所示。

表1-1 技术创新对于环境保护的优点

优点之一	能够加深人们对自然的理解，打好环境技术发展的基础，提高保护环境意识
优点之二	能够提升产品附加值，降低能源消耗，用相同数量的资源创造更多财富，减少废弃物排放，从而节约资源，保护环境
优点之三	能够提高环境管理的水平及预测、评估、控制环境影响的能力

尽管技术创新对于环境保护存在如此多的好处，但是我们必须明白一点，即仅指望技术创新来解决环境与资源问题是不现实的。事实上，技术创新对环境保护的作用存在一种悖论：一是可以促进经济增长、强化环境保护；二是在经济增长过程中，加速资源消耗，造成新的环境破坏[7]。

为何会出现如此相反的状况呢？究其原因，主要是因为技术创新的价值取向与环境保护的价值取向之间存在差异。就技术创新而言，科技成果的商业化、产业化过程是其关注的焦点，由此引发出的技术创新的优劣评估标准，自然而然就是其市场实现状况，具体而言，主要就是企业所获得的商业利益、市场份额的增加[8]。换句话说，创新活动的经济利益可以看作企业开展技术创新活动的唯一目标与动力。对于企业而言，好的技术创新是能够给企业带来经济效益的，而如果带不来经济效益，则此技术创新就被认为是不好的，当环境保护与经济增长出现冲突、发生矛盾时，技术创新更倾向于促进经济增长。与此同时，环境保护就很容易被忽视掉，甚至完全不予考虑，这种情况下何谈经济、社会可持续发展[7]？为了避免出现这种"饮鸩止渴"的现象和结果，需要将经济发展与环境保护二者紧密结合，在经济发展到一定程度后，在注重经济效益的同时，也要重视环境和社会效益，将三者有机组合，构成一个多层次、多目标的发展体系，借助于这个发展体系，来实现技术创新与环境保护之间的良性互动与循环。一句话：从技术创新升级到环境技术创新。

存在经济、技术、制度和社会障碍时，环境技术创新不是一个自发的过程。由于环境变化受到技术进化速度与方向的巨大影响，因此，环境技术创新很难在制度缺乏时自发进行。当市场制度本身不能保证环保技术大规模推广应用时，就需要制定和实施环境政策。通过环境政策诱发环境技术创新正是减轻或消除污染的关键所在。发达国家的经验教训表明，长期来看，经济发展与污染水平之间的关系呈现倒"U"形，即会出现环境库兹涅茨曲线。发展中国家不能再走"先污染后治理"的老路，需要政府设计、发布与实施促进技术创新的环境政策，来实现经济的可持续发展。换句话说，环境政策对新技术创新和扩散的影响在长期内是环境保护成败最重要的决定因素之一[9]。

环境政策干预本身对技术进步是存在阻碍和激励双重效应的，即不同类型的环境政策工具对技术进步的速度和方向存在显著不同的影响[10]，从规范意义上讲，环境政策，尤其是那些具有较大经济影响的环境政策应该鼓励而不是阻碍环境技术创新[11]。当然，所有的环境政策都是诱发和促进环境技术创新的潜在动因，其实施的效果需要具体分析。本书正是在这样的背景下，研究技术创新与竞争扩散的问题，以及我国环境技术创新的动力是什么，我国环境技术创新的效率如何、能力如何，我国现有环境政策工具对我国大中型工业企业以及汽车产业的环境技术创新有何影响等。

第二节　研究意义

长期以来，我国对环境政策、环境技术创新与企业环境战略决策方面给予了相当的重视。然而，一方面多数企业的环境技术创新行为仅局限于其本身内部，另一方面政府的环境政策又是在宏观层面上制定的，两者没有合理地统一起来，这就使得我国环境政策的制定过于生硬，没有充分结合企业的实际情况，所以产生的效应也不大。此外，从整体来看，由于环境政策的制定并没有充分考虑到企业对政府制定的法律法规的承受能力，部分企业对环境技术创新适应力以及理解力不足，这是我国环保政策中"软约束"现象出现的主要原因。这种现象会导致环境技术创新政策与环保政策之间的匹配性存在缺陷，难以有效地发挥协同作用。环境技术创新的政策激励与效应的研究对我国解决经济发展与环境保护的矛盾具有重要意义。

我国明确提出：技术创新是发展循环经济的一个必要条件[12]，社会经济活动的环境后果常常受到技术进步的速度与方向的影响。更准确地说，在市场条件下，技术创新存在"正外部性"，环境保护存在"负外部性"，失效问题伴随着二者的出现。由于存在知识溢出效应，创新的社会收益大于私人收益，创新者无法100%获取创新带来的收益，因而缺乏足够的激励与动力去从事对社会有益的创新行为。为了解决这个问题，需要引入公共政策，对创新活动进行引导[12]。与此同时，环境污染大多具有"负外部性"特征，制度约束非常必要，以使企业产生的环境影响负外部性内部化。

我国现行的环境新政策包括制度创新政策、科技创新政策等[13]。科技创新政策针对社会收益大于私人收益的问题，目的是降低治污成本、改善环境质量[12]。环境保护政策以政府为主导，目的是解决环境问题的"负外部性"，约束企业的环境污染行为，进一步会影响到企业环境技术的研发与应用，换句话说，一般而言，以技术为主导的环境政策才能诱发环境技术创新，但实际的技术响应程度与结果又会随企业采用方法的差异而产生不同[12]。

从整体来看，我国当前环境保护中"软约束"现象产生的重要原因在于[14]，政策制定时没有充分考虑企业对环保政策和措施的接受能力，以及企业对新技术的理解力与适应力[15]，导致科技创新政策与环境保护政策之间的匹配性存在缺陷、难以有效协同作用[12]。

国外文献表明，命令—控制式的环境政策法规和标准的作用不可低估，但仅靠这类措施是很难从源头上推动污染预防的，如果对企业超过规定标准的环境管理行为不能提供有效激励，无形中就会打击企业对环境政策技术响应的积极性，这不利于研发和应用环境友好技术[16]。一句话，相比之下，基于经济激励的、具有弹性的环境政策工具似乎更能诱发环境友好技术的产生与应用[12]。

目前政府可以采取的有利于环境技术创新的政策主要包括：环境技术的专利保护制度、排污收费、排污权交易、环保补贴、贷款扶持等。由于我国环境保护方面的工作相对滞后，因此，研究工业企业在环境管制下的环境技术创新行为，在理论分析与实证分析的基础上，建立既有利于工业企业生产发展又能有效地保护环境的政府激励机制与政策，为形成环境功能保护、促进国民经济增长方式转变的机制提供了坚实基础，为企业提升可持续竞争、加强环境管理提供了有效路径。同时，也有必要针对我国的环境技术创新的相关制度问题，尤其是我国环境政策工具对环境技术创新影响的有关情况做些研究，以揭示我国目前环境技术创新及环境政策工具发展的现状、存在的不足及可能的原因，这不仅对促进我国环境技术创新的发展具有重要意义，而且对政府改进和实施环境政策工具同样具有重要的指导意义。此外，本书的主要研究意义还在于通过深入分析环境技术创新的政策激励方式以及具体措施，有效地促进工业企业进行环境技术创新活动并且带动更多环境技术创新的产生、应用与扩散，使技术与国民经济的发展更加符合可持续性的要求，为人类社会的长远利益做出贡献。

第三节　研究内容

借助创新系统、战略管理、计量经济学、组织行为学等理论，本书对环境技术创新的有关问题进行了系统的探讨：首先，通过建立理论模型，研究环境技术创新和竞争扩散的问题；其次，结合重庆长安集团公司发展新能源汽车的案例，研究了环境技术创新的动力因素；再次，从投入产出效率和中心化效率两个角度，分析了我国西南地区省（市、区）的创新效率，同时，还研究了我国各区域的环境技术创新能力的分类特征；最后，以我国大中型工业企业及汽车产业为例，实证研究了环境政策工具对环境技术创新的影响。

主要研究内容如下：

第一章：绪论。对本书研究的现实背景、理论背景、研究意义、研究内容及技术路线等做了简要阐述。

第二章：在对技术创新、技术环境、环境技术进行区分的基础上，对环境技术创新的概念进行了界定，并简要介绍其动力和基础；对与本书研究相关的理论基础与现有成果，如环境政策工具的演变等进行了综述。

第三章：从技术推力、需求引力和环境管制三方共同作用的角度，以长安汽车公司发展新能源汽车为例，探讨其在面临外部环境压力、新能源汽车前景和现有环境创新实力时，将"绿色、科技、责任"理念作为重要战略，高度重视新能源问题，力图通过传统汽车节能、混合动力技术应用，到最终实现完全新能源（纯电动、太阳能）汽车的创新路径实现可持续发展。

第四章：基于时间阶段的划分与动态规划模型，在冗余资源视角下，考虑企业模仿创新行为的收益率、成功率，在冗余资源的收益随时间的变化对自主创新行为决策影响的基础上，研究了企业自主创新决策行为。

第五章：从知识和信息的交流与学习角度，构建了创新在产业内竞争扩散的模型，并对这一模型的平衡点及其稳定性进行了深入探讨，然后从模型的经济意义分析了影响产业内创新扩散的因素。

第六章：从中心化效率和投入产出效率的视角，测度我国六大地区 26 个省（市、区）的环境技术创新效率，并对比分析了西南地区 5 个省（市、区）环境技术创新效率的水平和特征，据此阐释其创新效率偏低的成因。

第七章：通过选取与收集环境技术创新投入、产出及连接二者的中间变量的指标及其统计数据，利用聚类分析、因子分析、判别分析等一系列多元统计的方法，对我国各个地区的环境技术创新的能力进行检验与调整。

第八章：以我国 30 个省（市、区）的大中型工业企业为例，通过建立当期和滞后 1、2、3 期的面板模型，研究环境政策、技术进步、市场结构对环境技术创新的影响。

第九章：基于动态计量模型，选取我国 1999～2008 年汽车产业为研究对象，从产品创新和过程创新两个方面，研究环境政策、技术进步、市场结构、产业特征对我国汽车产业环境技术创新的影响。

第十章：对全书的研究工作与结论、主要创新点进行总结，并提出研究的不足与未来进一步研究的展望。

第四节　研究方法

本书以环境技术创新与环境政策理论为基础和指导思想，将环境政策作为激励企业环境技术创新的主要激励因素，运用多种方法来研究政府环境政策的影响机制，并构建计量模型来研究我国区域与工业企业环境技术创新的政策效应。本书运用的主要研究方法如下：

（1）文献分析与归纳分析相结合。通过阅读大量国内外环境技术创新与环境政策方面的相关文献资料，进行系统的研究、分析与归纳，并全面地阐述其内涵和现状。

（2）数理分析方法。本书通过构建数理模型，研究了在环境政策及工具管制下政府与企业环境技术创新行为的策略选择，在信息对称与信息非对称两种情况下，分析了政府与企业在环境技术创新问题上的理性水平差异，以及由此决定的双方在行为选择上的差异。

（3）计量分析方法。本书在理论分析与数理模型分析基础上建立了计量模型，采用固定效应面板数据模型对我国工业企业环境技术创新的政策影响机制进行实证分析，与此同时，根据我国工业企业的实际情况提出可行性的政策与建议。

第五节　技术路线

本书首先提出研究背景与研究意义，重在表明研究环境技术创新及环境政策工具对其影响这一问题的必要性与学术价值。其次，通过对现有文献的回顾与归纳，对技术创新与制度创新、环境技术创新的概念和动力、环境政策工具等进行了不同研究视角、不同研究方法、不同研究时期的比较，并进一步对环境政策工具对环境技术创新影响的文献进行了综述。再次，对环境技术创新问题进行了探讨：一是结合重庆长安集团公司发展新能源汽车的案例，研究了环境技术创新的动力因素；二是通过建立理论模型，研究环境技术的创新和竞争扩散问题；三是从投入产出效率和中心化效率两个角度，分析了我国西南地区省（市、区）的创新效率，同时还研究了我国各区域的环境技术创新能力的分类特征等环境技术创新现象。最后，以我国大中型工业企业及汽车产业为例，实证研究了环境政策工具等动力要素对环境技术创新能力的影响。研究的技术路线如图 1－1 所示。

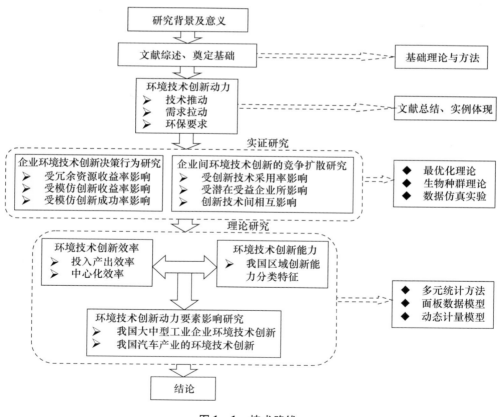

图 1－1 技术路线

第二章　文献综述与研究框架

近年来，随着我国环境污染问题的日益加剧，国内外学者对环境技术创新方面的研究也越来越多，下面是近年来国内外学者对环境技术创新与环境政策的研究现状。

第一节　技术创新与环境技术创新的联系与区别

一、技术创新与环境保护的关系

早在 19 世纪末，就有不少国外学者对创新、技术创新等方面着手研究。技术创新（Technological Innovation）这一概念最早来源于熊彼特（J. A. Schumpeter）的"创新理论"（Innovation Theory）[17,18]。熊彼特认为创新是"生产函数或供给函数的变化，或者说是把生产要素和生产条件的'新组合'引入生产体系的过程"[17,19]。在熊彼特看来，"创新"更多表现为一个经济范畴的概念，并非技术范畴，它不仅包括科学技术上的发明创造，更是要把科学技术的发明引入企业中，形成新的生产力。随后，索罗（S. C. Solo，1951）[20]、曼斯费尔德（E. Mansfield，1986）[21]、弗里曼（C. Freeman，1995）[22]等继续对技术创新的内涵进行了一系列的、进一步的研究与剖析。

同时，国内学者自 20 世纪末开始，也对技术创新的内涵进行了探究，认为技术创新是一个包含了不同层次的技术活动与经济活动的综合过程，这个过程中的主体是企业，其导向是市场条件，其目标是提高企业经济效益、增强市场竞争力和培育新的经济增长点，其基本特征是创造性的思想和成功的市场表现，其发展阶段分别包括了新思想的产生与实现、技术的研究与开发、产品的商业化生产与市场销售、技术的传播与扩散等[23]。

总体而言，技术创新包括来源多元性、主体多元性、智力资源优化整合性等特征。技术创新源的多元性指创新源可以是消费者、制造商、供应商等，不同创新有不同的创新源；技术创新主体多元性则要求集中全体员工的智慧和承受力来完成一项工作[24]；智力资源优化整合性指对创新源和创新主体的优化整合。

正如第一章中所提到的，大家长期以来所认识和理解的技术创新，对于环境保护而言，是具有诸多有利作用的[7]，具体情况请参见表1-1。尽管技术创新对于环境保护存在如此多的好处，但是我们必须要明白一点：单单指望通过技术创新来解决环境与资源问题可以说是非常不现实的。事实上，技术创新对环境保护的影响存在利弊两种可能。创新活动的经济利益可以看作企业开展技术创新活动的唯一目标与动力[8]。对于企业而言，好的技术创新是能够给企业带来经济效益的，而如果带不来经济效益，则此技术创新就会被认定为失败。当环境保护与经济增长出现冲突、发生矛盾时，技术创新更倾向于促进经济增长。与此同时，环境保护就很容易被忽视掉，甚至是完全不予考虑，这种情况下何谈经济、社会可持续发展。为了避免出现这种"饮鸩止渴"的现象和结果，需要将经济发展与环境保护二者紧密结合，在经济发展到一定程度后，在注重经济效益的同时，也要重视环境和社会效益，将三者有机组合，构成一个多层次、多目标的发展体系。一句话：从技术创新升级到环境技术创新。

二、技术环境和环境技术的区别

技术环境是指产品或服务发生生产和交换活动时所处的市场等环境，企业要想通过技术来获得经济等回报[12]，就需要技术环境[25]。技术环境对大多数企业而言是必不可少的，是与制度环境共存的，这就使得企业决策时需要同时考虑制度环境与技术环境以及两者之间的联系。追溯起来，环境技术的概念大约最早出现在20世纪60年代。当时，一些发达国家发生了多宗震惊世界、举世瞩目的环境公害事件，引发了社会舆论及社会公众对环境污染与保护问题的强烈关注。

环境技术也被称为环境友好技术，多指用来保护环境质量的技术、产品或工艺[12]。联合国环境与发展大会则将其界定为"用以预防污染的流程或产品工艺，该技术会产生较少废弃物或不产生任何废弃物"[12]。目前对环境技术存在不同的划分方法，如为了更便于描述企业层面环境技术的选择机制，可以将环境技术划分为末端治理技术和清洁生产技术两大类[26]：①末端治理技术（End－of－pipe）：不涉及生产流程变革，仅附加在生产流程末端的，把排放物转化为相对容易处理的物质的设施；②清洁生产技术（Clean Technology）：相对于末端治理技术更关注生产过程中产生的废弃物，清洁生产技术更关注生产流程本身，借助于改变生产流程，减少产品生产过程中或生命周期内的废弃物与污染物[12]。

实际上，末端治理技术不仅无法提高生产效率，而且还要投入资本购买设备和设施，并产生维修保养费用，而清洁生产技术是从源头上解决问题，其能降低资源消耗、提高生产效率和竞争力，对企业有更大吸引力，但目前各国对清洁生产技术的使用与推广情况不容乐观，多数企业仍更愿意用末端治理技术解决环境问题。为了实现环境质量的改善，企业对污染控制或预防需要采取不同的战略。Hart（1997）提出可以划分为污染预防、产品监控和清洁技术三个阶段[27]。

三、环境技术创新的内涵与特点

环境技术创新就是在可预期的时间和空间内，从节约或保护资源、避免或减少环境污染的生产设备、生产方法和规程、产品设计以及产品发送的方法与技术等新产品或新工艺的设想产生，到市场应用的完整过程[28]，在这个过程中，包括了新设想的产生、研究、开发、商业化生产、扩散等一系列活动[29]。其结果会出现一些新的或改良的过程、技术、实践、体系和产品[30]。由此，环境技术创新可以带有减少环境破坏的目的[31]，也可以是受到诸如利润率、产品质量改善等商业目标的激发[32,33]。

由于技术变迁的速度和方向对环境变化的影响非常显著，如何通过环保政策诱使环境技术创新是减轻或消除污染的关键所在。发达国家的经验教训表明，经济发展与污染水平的长期关系呈现倒"U"形曲线，即环境库兹涅茨曲线。为了避免后来者再走"先污染后治理"的老路，需要政府通过设计、颁布、实施对技术创新有促进作用的环境政策，来实现经济的可持续发展。当前，为了提升我国企业在国内外市场上的核心竞争力，越来越多的企业展开了以企业为主体、市场为导向，产学研相结合的技术创新，大大提高了我国企业的技术水平[34]。随着社会发展观的进步，综合性、可持续性决定了技术创新必然向生态化转变，即技术创新要转向更清洁的技术，尽可能减少污染排放，尽可能减少资源消耗[35]，而这正是环境对技术创新约束作用的结果。由此，可用"环境创新"（Environmental Innovation）概念来表述技术创新的生态化。

按照目前学术界较为流行的定义，环境创新实质上是一种系统性的组织创新和管理创新，包括因避免或减少环境损害而产生的新的或改良的工艺、技术、系统和产品[29,30]。通过环境创新，改善企业内外环境质量，降低社会成本和环境成本，承担社会责任和生态责任，进而提高企业经营绩效[31,33]。从定义中可以看出，当前学术界使用的"环境创新"概念多指广义的创新，包括技术创新、工艺创新、产品创新、组织创新、制度创新等多方面内容。随着各国政府对环境问题的日益重视，必然会要求企业重视环境问题。因此，对企业创新的研究不应局限于单纯的技术或制度创新，更应考虑环境创新。

需要指出的是，目前学术界对"环境创新"的用法并不统一。国内外学者也有使用环境技术创新（Environmental Technology Innovation）[36,37]、绿色技术创新（Green Technological Innovation）[38,39]、绿色创新（Green Innovation）[40,41]、生态技术创新（Ecological Technology Innovation）[42,43]、生态创新（Ecology Innovation）[44,45]等概念的，但总体而言，这些概念更侧重于先进技术本身的作用及其对环境的影响，很大程度上是同一含义[28]。在国际主流学术期刊中，"环境创新"的使用频率相对较高[30,45-49]。

环境创新不是一个单纯的技术概念，它更强调环境观念、环境友好型技术、工艺与产品的研发与应用；更强调以绿色市场为导向，促进环境技术成果转化；更强调机制创新及生产组织方式、经营管理模式、营销服务方式等多方面创新结合；它不以单纯追求经济效益为目标，而是一种追求经济、环境、社会效益相协调的技术、制度、观念的有机统一体，可以使企业的经济效益与生态效益协调一致[28]。其本质特征是通过环境技术创新、绿色制度创新、生态观念的改变，以可再生资源替代不可再生资源，以低级能源替代高级能源，提高资源利用效率，减少环境污染。其根本目的是使环境、技术和制度共同成为经济发展过程中的内生变量。当前，全球正面临严峻的经济、环境、能源多重危机，以环境创新为基础的可持续发展被认为是拯救危机的必然选择。目前对环境创新的重视和理解远低于制造业中的技术创新。诸多学者认为，环境创新只能算得上是一系列创新问题的一个"应用"，本书则认为，环境创新是有别于一般的技术创新，而具备其自身规律的[28]。目前这方面的研究成果尤其是结合企业实践的成果并不多见。表2-1给出了环境技术创新内涵的使用情况。

表2-1　国内外环境技术创新相关内涵的使用情况

环境技术创新内涵的表述	使用频次	代表人物
Environmental Technology Innovation	15	Lanjouow，Mody
Technological Environmental Innovations，TEIs	20	Joseph，Huber
Environmental Innovation	30	Brennermeier & Cohen，Marcus，Waner，Jend Horbach，Joseph，Huber
Green Technological Innovation	5	Vicki，Kivimaa & Mickwitz
环境技术创新	54	吕永龙、许庆瑞、王瑞梅
绿色技术创新、绿色创新	120	赵细康、杨发明
环境创新	3	CCICED
生态技术创新	5	杨发明

四、环境技术创新的分类

从环境技术创新的概念看，由于其特点较多，包含技术创新的环节较多，覆盖宽泛，对企业收益和环境效益的影响较复杂，这要求应从不同方面阐释环境技术创新的外延和内涵，因此，环境技术创新可以有以下几种分类：

（一）基于环境技术创新从环境方面的应用来进行分类

1. 污染源头的创新

污染源头创新的企业所生产的产品在使用过程中不会给环境带来危害，并且这种产品具有前瞻性，因此，也称为污染预防技术创新。这种创新产品也被普遍认为是绿色产品。它一般包括以下几个含义：产品在使用后的废弃物以及包含有毒成分很少；创新产品在使用过后可以回收并且循环使用；产品所使用的生产原材料是无毒无害的或者有毒有害物质最少化。

2. 过程创新

过程创新是企业在生产的过程中使用先进的工艺和管理方法、降低污染与原材料使用量以及具有高效率的环境技术，它重点包括以下几种：原材料的代替；加强内在管理；创新工艺的改造；生产过程中的循环使用。过程创新的主要目标可归纳为低能耗、低污染、高产出，从而降低整个工业活动对生态环境的伤害。

3. 末端治理技术创新

末端治理技术是在现有的生产技术体系和废弃物与污染物已生成的前提下，对废弃物及污染物采取分离、处理和焚化等手段，其目的在于降低有害物质排放并加以循环利用。从长期发展来看，末端技术并不是发展潮流。

（二）基于创新的组织体制与活动方式的不同进行分类

根据创新组织体制与活动方式的不同，可将环境技术创新划分成自主型环境技术创新和合作型环境技术创新。

1. 自主的环境技术创新

自主的环境技术创新称为独立型环境技术创新，是指在发展环境技术创新时企业完全依靠自身的实力来进行创新。其优点是企业可以独自获得环境技术创新带来的全部利润，避免了在环境技术创新完成后与其他企业分享其成果。其缺点是自主型环境技术创新对技术、设备、人才以及其他的要求相对较高。此外企业还必须独自承受创新过程中所产生的全部风险。

2. 合作的环境技术创新

合作的环境技术创新则不同，它通过有效地整合资源与技术分散风险，并且缩短了创新过程所需要的时间，最大限度提升企业在市场中的竞争力，同时易于企业间相互交流学习。随着环境技术创新的投入逐渐增大，风险也逐步提高，一个企业很难独立进行创新，因此合作型创新在新型原料、能源的开发与利用、化学等一些领域得到认可。

（三）其他分类

环境技术创新根据活动是否具有连续性可划分成不连续型创新和连续型创新两类。如果按照其技术的来源与途径的不同还可以分成引进型技术创新、自主型技术创新以及国内环境技术转让型创新等。

五、环境技术创新的动力要素

企业竞争力来自创新，企业能否在激烈的市场竞争中持续发展，实际上取决于生态可持续、经济可持续和社会可持续相互适应、相互作用的结果。受环境保护、社会责任等因素影响，单纯进行组织创新或技术创新已经无法使企业取得市场领先地位，而环境创新是将经济活动和生态环境作为一个有机整体，从"生态—经济—社会"系统的整体上考虑技术创新，其带来的正溢出效应及负环境效应的内部化可能会导致经济和环境效益"双赢"。

环境创新以生态可持续性为基础，以经济可持续性为主导，以社会可持续性为目标。主张以"可持续性"为基本准则，有效地弥补了传统技术创新中过分强调经济效益最大化、忽视资源保护和污染治理的缺陷，注重优化利用资源，保护环境，追求生态环境承载能力下的经济持续增长，即环境综合效益最大化。企业内外部环境压力迫使企业慎重考虑创新方向。此外，不可再生资源的枯竭也逐步成为发展瓶颈，可再生资源的广阔应用前景存在巨大吸引力，加上企业自身实力，都使得环境技术成为企业增强其竞争力的必然选择。一直以来，创新都强调技术进步的推力作用和市场需求的拉力作用，普遍认为技术推力在产品开发的最初阶段非常重要，需求拉力在扩散阶段非常重要。由于环境问题大多代表负的外部效应，新的环境友好技术的研发常常缺乏足够的激励与动力，因此，在分析环境创新的动力因素时，需要注重分析影响技术进步和需求拉力的环境政策对创新的作用，如图 2 - 1 所示。

图 2 - 1　环境创新的动力要素

对图2-1中三大环境创新动力要素的详细分析如表2-2所示。

表2-2 环境创新的三大动力要素

动力要素	详细阐释
技术推动	企业要开发新产品和新工艺，需要强调技术能力[50]（欧阳青燕等，2009），而技术能力主要包括了研发投入带来的实物资本和员工素质提高带来的知识资本。企业持续的技术能力保证了其持续的创新能力和创新绩效[51]（Hill et al.，2003）。只有当创新者能够捕获创新活动的收益时，创新才有意义。由此可知，技术是推动环境技术创新的重要力量。由于环境技术具有公共产品的属性，政府资助在推动环境技术的研发上占据主导地位。同时，由于企业所处的产业类别、发展历程、市场结构、领导者意识等差别，具备技术研发能力的企业也不一定会开展环境友好技术的研发。此外，环境技术类型的影响也至关重要，例如，末端技术（End - of - pipe）[52]（Klassen et al.，1999）和清洁技术（Clean Technology）[48]（Oltra et al.，2005）由于在生产率、生产成本等方面存在差异[52]（Klassen et al.，1999），这两类环境技术在对政府政策的依赖性、对企业生产型投资的排斥性与企业商业战略的融合性上表现出显著差异，但不能否认其是促进企业生态化经营的知识与物质的保证[53]（李昆等，2010）
需求拉动	一般而言，消费者需求、公共采购需求、竞争者需求、合作者需求、国外市场需求等都与创新的研发与应用相关。首先，市场需求常常受到消费者环保意识的影响，表现为对环境友好型产品的偏好，这对企业形成了一种外在压力。其次，政府公共采购，尤其是"绿色采购"也是环境创新的重要拉动力。再次，绿色供应链会对上下游企业的环保化生产形成有形或无形的压力。最后，国外市场需求，尤其是发达国家的需求更多体现出对产品的环境友好性及生产过程清洁性的要求，这具体表现为欧盟等接连出台的"WEEE"（《报废电子电器设备指令》）、"RoHS"（《限制有毒有害物质使用的指令》）等绿色壁垒，这对国内企业，尤其是出口导向型企业开展环境创新产生了重要的拉力
环保要求	由于环境问题的负外部性，比起其他创新活动，环境创新的市场驱动性相对较弱，这使得环保要求成为了最主要的动力因素之一。按照Porter等（1995）的假设，环保要求会诱发企业创新，在减少污染的同时增加企业利润[54]。但是由于企业信息的不完全与不对称，以及创新的组织与协调等问题，企业很可能难以有效识别出环境创新可能带来的经济利好，如污染和成本的减少、管理和生产效率改进、新的（环境友好）产品市场需求产生等，因此，就需要作为外界刺激因子的环保要求来刺激和迫使企业，从而推动环境创新的产生与应用

由于难以获得足够且令人信服的指标来表征环境创新及环境政策力度等其他相关因素，所以在现有的实证研究成果中，如研究治污费用增长与环境创新之间的关系[46,47]，研究环境政策力度与环境友好相关的组织创新、过程创新以及产品创新等环境创新之间的关系[52]；研究环境组织措施与环境产品创新之间的关系[55]，大多是国外学者针对发达国家，基于特别设计的调查研究，分析环境友好型产品或工艺引进的政策影响。类似的研究国内也有[37]，所不同的是，由于经济发展相对落后等原因，我国制定的诸多环境法规和政策在实施过程中，均面临着全面性和有效性方面的障碍，更有甚者，宽松的环保要求甚至成为企业削减成本、提高市场竞争力的一种手段。所以，在分析环保要求对中国环境创新的影响时，除了要考虑环保要求的强度外，还要考虑环保要求的执行状况，这包括环保要求本身执行的难易程度（包括技术的可行性、制度设计的合理性、规制者本身的能力素质等）和环境问题在政府决策中的重要性（包括社会经济发展水平、社会公众的环保意识、环境组织力量强弱），需要指出的是，当前中国政府对环境问题非常重视，只是在各个地区情况不尽相同[28]。

六、技术学习与环境技术创新的关系

技术创新是一个系统的过程，在此过程中，技术学习与之密切相关。技术学习是组织学习的一部分，是以技术为目的的学习行为[56]，借用 Garvin（1993）与 Huber（1991）[57,58]等对组织学习的看法，可以将技术学习看作企业获取与转移技术知识，并借此提升企业技术创新层次的行为。从这个界定可以看出，提升技术创新层次的基础是技术学习。技术与市场竞争的迅速变化以及技术生命周期不断缩短的现实压力迫使企业必须通过持续有效的技术学习来获取先进技术，维持企业的竞争优势[59]；必须借助技术学习能力，才能使获取信息能力、知识创造能力、吸收消化能力等企业技术创新能力的具体表现形式得以体现。

在企业管理实践中，技术创新能力是有诸多具体表现形式的，如可以体现为创新决策能力、技术研发能力、产品生产能力、资金运作能力、组织管理能力、市场营销能力等[60]。技术学习是技术创新层次提升的基础。由于企业成长表现在资源约束与制度基础变化两方面，而这两方面的变化又是伴随着技术创新层次的提升，因此，从根本上来说，技术创新的提升是依赖于技术学习能力的提升的，而产品所蕴含的技术水平则是企业技术创新的最终体现。同时，产品技术水平和技术创新能力又分别对技术创新能力和技术学习能力存在影响，因为企业忽视自身产品技术水平和创新能力的影响，不顾自身资源条件限制，盲目开展技术创新与技术学习活动，这不仅不能发挥技术创新与技术学习的绩效，还造成技术学习与创新的失败，浪费企业的资源[59,61]。技术学习能力、技术创新能力与产品技术水平之间的交互关系如图2–2所示[60]。

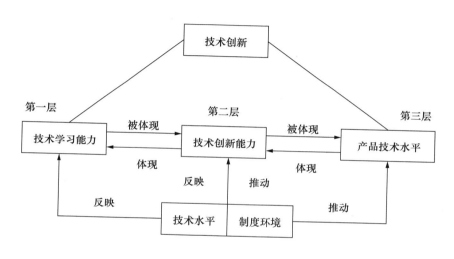

图 2 – 2   技术学习基础上的技术创新

第二节   技术创新与制度创新的关系

国内外不少学者就"波特假说"这一理论做了大量的实证检验与分析，这些研究主要阐释了激励企业进行环境技术创新的驱动力主要来自环境政策。波特假说认为，如果政府设计出适当的环境政策，那么就会使得企业积极地进行环境技术创新活动，这不仅使得环境有所改善，而且企业也会因此而提高生产效率。

Nakano M.（2002）根据 20 世纪 70 年代日本制造业的数据进行了详细的研

究与分析，并说明环境政策通过改进环境技术的使用效率来提高企业的生产效率，但是其效果并不显著。Nakano 等在其研究中没有运用全要素生产效率的方法（许多学者用此方法进行研究）来分析企业的环境成本与效率间的关联，而是选取 Malmquist 生产率指数作为度量指标，用以度量生产效率变化与环境创新效率的变化。此外，环境技术创新与环境政策也逐渐成为中国学者研究的重点，并且中国学者对两者甚至有更加深入的理解。国内学者赵细康等（2004）基于理论模型对环境政策与环境技术创新二者的关系做了深入研究，他们将企业的创新动力分为内部和外部综合动力，且它们都有其本身的动力与阻力。企业的内部和外部综合动力的大小和方向由它们本身的动力与阻力所决定。如果企业内部动力与外部动力并没有小于其阻力，则可以说企业是具有环境技术创新动力的；反之就没有动力。这两类创新动力的部分动力会相互抵消，内部动力与外部动力的共同作用决定了企业是否存在技术的创新动力，假如其共同作用，即合力为正，那么企业存在创新动力；反之就不存在。郭朝先等（2006）研究认为，在我国"十五"规划期间，工业企业污染治理的情况并不好，其原因是环境政策与环境技术创新并没有有效地结合，这使得我国工业企业的环境危机、资源危机等没有得到很好的解决。因此，政府选择环境政策时要着重考虑环境政策和环境技术创新的适应程度，实施能够有效激励企业进行环境技术创新活动的政策，使其充分发挥作用。国内学者吴国松（2007）分析认为，合理的环境政策在激励企业环境技术创新的同时，还可以提高额外收益，这样可以弥补税收等环境政策所造成的企业生产成本增加，并且能够提高企业自身的竞争力。此外，通过对环境保护强度以及市场竞争力的深入分析可知，在一定的环境管制强度下，企业的生产成本将会提高，同时也促进了技术的进步，且这种进步会弥补所提高的成本，并提高企业的市场竞争力。王璐与杜澄等通过建立企业期望收益函数，论述了环境政策与企业的环境技术投入费用的作用机理，并得出企业是否进行环境技术创新受其目标利润和生产成本二者的共同影响，而目标利润和生产成本又由许多其他因素决定。截至目前，对环境管制下环境技术创新的大量研究结果肯定了"波特假说"，研究认为，合理的环境政策对企业进行环境技术创新活动的激励作用是明显的。

一、技术创新系统及其特点

除传统的市场需求因素和技术因素外，制度因素对于创新也很重要。创新不是一个线性的过程，在发明、技术发展和扩散中是存在很多反馈回路的。因此，对技术推动与需求拉动的监管可以被认为是一个系统框架。消费者与生产者之间的交互是创新中一个非常重要的方面[62,63]。需求的作用已经扩展到了对创新企业进入和绩效的影响方面[64,65]。技术范式的改变常常需要战胜现有技术轨迹所形成的锁定效应，这点需要技术与制度之间的协同演化过程来实现[66,67]。有关需求的政策能够帮助战胜锁定效应与路径依赖[68-70]。

技术创新系统这个框架是在国家系统之下，用于分析技术或行业经济体系[71-74]。技术创新系统已经能够用于分析创新系统的不同功能[75-82]。基于这些研究形成了创新体系功能的如下特点：①知识的产生和发展；②通过信息与知识的交换，形成积极的外部经济；③对技术和市场选择的研究起引导作用；④与新技术增长潜力紧密相连的新技术的合理性；⑤市场形成的助长；⑥在面临巨大失败风险的新技术的发展中，有非常重要的资源供给；⑦实验方法与解决方法具有多样性，需要在众多的技术方案中，选择出一个主导的设计方案。创新系统中的行动者之间的交互机制与反馈机制非常重要[83]。

二、制度环境与环境保护的关系

制度往往是通过法律加以确定和保障的，是全体社会成员应该遵守的行为与交换规则[84]。例如，科技、经济和法律三者结合所得的知识产权制度就是一种激励和调节的利益机制，它从本质上解决了"知识"资源的归属问题[85]。组织必须遵守这些规则以维持合法性[12]。

制度理论是解释企业的环境保护问题时应用最普遍的理论框架[86,87]，它强调了除"技术"和"效率"之外，影响企业采取特定行为的管制、规范和认知三个因素的重要作用[12]。由于组织所面对的社会压力、文化压力等外部因素会对组织行为和结构产生作用[88]，因此，组织可以通过采用那些已经制度化的、相似的，组织的形式、结构、政策和行为相一致的组织活动的方法[89]，来获得合法性与社会认可，这正体现出企业对外部的制度环境因素的服从[12]。

在环境保护的监管方面，相关的各个制度机构通过"正式"或"非正式"的法律、规则和规范影响组织的环境保护行为，而组织为获得社会合法性必须遵守特定监管规则。制度理论认为，"环境合法性"和"利益相关者压力"影响了企业对环境保护行为的选择，这两者也构成了企业环保的主要驱动因素。迫于制度压力，企业必须实施反应型环境保护行为，以取得生存所需的合法性和资源。例如，实施ISO14000等环境管理标准虽然在一定程度上是企业的自愿行为，并对企业实现环境目标而进行的技术创新存在极大驱动作用，但其并不属于政府环境政策范围。

当企业只需要解决合法性的问题时，遵守政府制定的最低环境标准就足够了，然而企业要想在当前环境保护需求日趋凸显的全球市场中有所收获、持续发展，做到这个最低要求是远远不够的。为了保证企业经营行为在一段较长的时间内保持住生态友好性与优越性，越来越多的企业开始或正在进行一系列的系统改进，而所有这些都要求企业自觉地采用比最低监管要求高的、特定的环境技术以实现其环境目标[12]。

三、技术创新与制度创新的关系

技术创新理论与制度创新理论是"创新理论"的两大分支。技术创新理论认为，借助于技术创新活动，可以体现出科学技术对经济发展的作用；而制度创新理论则认为，技术因素和制度因素是构成经济增长的两大因素，创新的制度能激励技术创新，推动经济增长[90]。技术创新与制度创新虽均来自创新理论，但对二者的关系却一直存在争议。

（一）Veblen 与 Ares 的技术创新与制度创新关系理论

Veblen 与 Ares 主张"技术决定论"，即技术创新决定制度创新，非制度创新决定技术创新。由于技术在不断变化、层出不穷，所以制度也随着技术的变化而变化，但是，制度多是与过去的技术相适应，即相对技术发展而言，制度具有一定的滞后性，无法跟上时刻都在发生变化的技术的步伐。因此，制度的滞后性产生了制度的保守性，即制度的变化具有被迫性，除非技术的强烈要求，否则制度是不会轻易发生改变的[90,91]。当然，Veblen 也承认，制度创新对技术创新具有影响，如商业制度就促使了新技术的引进，促进新技术在私人利益而非社会利益基础上使用[90,92]。

随后，Ares基于Veblen的"技术决定论"提出"制度对技术创新只有阻碍作用"。Ares在将人类行为分为动态的、不断前进的影响生产的技术活动和静态的、保守的强化地位/权威的制度活动的基础上，认为制度始终是在阻碍变革。

（二）North与Ruttan的技术创新与制度创新关系理论

North主张"制度决定论"，即制度创新决定技术创新。North认为，经济增长的关键是要有有效率的经济组织，而在制度上确立了所有权的组织才会有效率，因此，制度创新能够决定经济的增长[93]。同样地，对于技术创新对制度创新也存在一定影响，North并不否认。

此外，新制度经济学家Ruttan则主张"互不决定论"，其认为，引起技术创新与制度创新的需求的原因非常相似，且二者供给的转变的动力也是类似的，所以，二者之间相互依赖、相互影响，但互不决定[90]。

（三）马克思的技术创新与制度创新关系理论

马克思认为，科学技术是与生产资料和劳动者密切结合的。科学技术创新可以帮助和促进生产工具的发明和创造以及革新和利用劳动对象。为了解决人与物之间的矛盾，要求劳动者掌握和利用科学技术。换言之，生产力的发展很大程度上来源于技术创新。生产关系指"人们在社会生产中发生的、一定的、不以人的意志为转移的关系，包括了生产、分配、交换和消费关系的经济规则和合约"，从生产关系的这个定义可以看出，其实际上就包含了各种类型的制度安排，由此，生产关系的变革过程就是制度创新的过程[90]。马克思认为，生产关系的变化是由生产力的变化所决定的，生产力的发展引起了生产关系的改变。换言之，制度的变化由技术的变化所决定。

此外，马克思也强调了生产关系对生产力的反作用。他认为，适应生产力状况的生产关系会促进生产力发展；反之则会阻碍发展。当生产关系不适应生产力发展时，就需要通过革命等手段，即制度创新才能促进生产力发展、技术创新。

（四）技术创新与制度创新的交互决定论

由于构成生产力的诸多要素之间存在矛盾，如为了降低劳动强度、提高劳动效率，劳动者改革生产工具（即进行技术创新），随着生产工具的不断改进，劳动者的生产经验与劳动技能也在不断提高，这反过来又会促进生产工具的改变。

劳动者和劳动资料（主要是生产工具）之间的相互作用就为生产力发展及技术进步提供了内在动力。随着生产力的发展和技术进步，原有的制度会越来越满足不了生产力发展和技术进步的需要，此时，制度的变革与创新就成为一种客观、必然的要求。创新后的制度能否有效促进生产力发展和技术进步，则成为判断新制度是否具有生命力的依据[90]。也就是说，生产力发展和技术进步必然对制度变革产生决定性影响。

一旦创新后的新制度与生产力发展、技术进步相适应，它又会为技术进步形成巨大推动力[90]。自从有助于技术进步的制度，如知识产权制度和市场竞争制度出现并实践后，对技术创新产生最大推动作用的已然是制度因素，而非早期的生产中的自发力量。因此，出现在制度上的变革和创新确实对技术进步产生了决定性的作用，而技术创新与制度创新就是在其相互促进与相互决定中演进和发展的[94]。

总体而言，对技术创新与制度创新之间关系的认识，只有马克思提出的生产力与生产关系的原理才是唯一动态地、辩证地看待两者关系的理论。技术创新与制度创新是一个"交互决定"的动态演进过程。从根本上要求制度创新的角度来说，技术创新对制度创新起着基础性质的决定作用，从某些根本性制度创新作为技术创新实现前提条件的角度来说，制度创新对技术创新也起着决定性的作用[90]。

四、技术与制度共同作用下的企业创新战略选择

由于存在经济、社会、技术、制度等多方面的障碍，技术创新不可能在缺乏制度推动时自动形成，同时，因受到利益相关者压力等因素作用，技术创新也不是封闭进行的[12]。由于技术变革具有其必要性，且不依据内部逻辑，而是内生于经济激励、企业竞争能力和特定制度结构之中，需要与制度结构相适应，即技术变革是供求因素以及社会团体等各方力量交互作用的结果[95,96]。

企业选择创新战略时，不能仅是市场、绩效和形象单方面的改进，必须从提升企业总体价值处着眼，考虑在市场和非市场因素中的定位[97]。通过对企业所面临的制度压力、技术压力、二者相互关系及其动态变化[99]的分析，彭海珍等（2003）构建了基于制度与技术情境的创新战略选择模型，如图2-3所示[98]。

制度压力与技术的关系

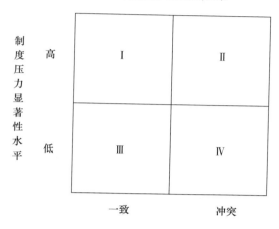

图 2 - 3   基于制度与技术情境的企业创新战略选择

对此创新战略选择模型的解释如表 2 - 3 所示[90,98]。

表 2 - 3   企业创新战略选择

象限 I、II	利益相关者压力水平较高	对企业影响较大[100,101], 企业难以改变或忽视这些压力	当对制度压力的响应与技术要求相一致时，企业可以使用强制力，说服其他部门合作。当制度压力与技术压力二者发生冲突时，尽管末端治理技术和清洁生产技术之间长期相比较而言，清洁生产技术更能降低成本，但来自监管机构的强制性惩罚或其他自愿性环保组织的威胁非常明显，为了满足外部环境监管要求，企业会选择末端治理技术而非清洁生产技术	如果政府监管部门或其他利益相关群体对企业污染控制的压力更大时，企业会采取最为被动的默从战略，即实施高成本的环境保护行为使其环境绩效高于最低监管标准

| 象限 Ⅲ、Ⅳ | 利益相关者显著性水平较低 | 对企业影响较小，企业有可能采取措施，改变或忽视这些压力 | 如果利益相关者压力是与技术压力相冲突的，由于感知的来自利益相关者的环保压力较弱，企业就更有可能试图发挥自身的战略主动性改变这种局面，即采取妥协、回避或操纵战略（Oliver，1991）[102]，其中，当企业试图改变制度压力时，操纵战略通常被企业用来作为参与制度形成的机制，如大型企业已经开发并使用的环境技术是政府或自愿性环保组织制定相关环保标准时的重要影响因素 | 当利益相关者要求企业提高环境绩效的压力与技术压力一致时，企业可以抵制这些压力或者基于企业已有技术，要求组织内相关部门实施环保行为。由于依靠既有环境技术既能够解决面临的利益相关者压力，又可以使企业一定程度上改善生产效率，因此大多数企业会选择后者 |

第三节　环境政策工具及其对环境技术能力的影响

　　环境政策工具作为制度的代表，共同构成了整个环境政策体系。我们要讨论环境政策工具与环境技术创新的影响，首先就需要明确什么是环境政策工具。"环境政策工具"是指环境管制机构针对环境问题而实施的不同类型的环境措施。

一、环境政策工具的演变

　　不同的环境发展阶段需要使用不同的环境政策工具。从20世纪六七十年代起，环境政策工具共经历了三个阶段：从以命令—控制型手段为主导，到市场经济手段的介入，再到合作型等多元手段的参与[103]。

　　（一）命令—控制型环境政策工具

　　这一工具是指环境管制者按照一定的环境标准颁布、实施相关法律法规，命令企业必须采取排污技术，将污染成本内部化，以达到既定的排污目标①。它是建立在环境资源的公共物品特性基础上的。以 P. A. Samuelson（1965）[104]为代表的福利经济学家们认为，政府提供公共产品具有更高的效率。为了纠正环境外部性，需要引入政府的干预。一直以来，由于此工具能够在短时间内改善环境保护业绩，环保效果明显，所以无论是在发达国家还是发展中国家，环境管制大多采取的是设置污染物的排放数量限制或者指定必须使用的消除技术等政府强制的命令—控制式管制。但是这个工具也存在一定的缺陷：一方面，企业在管制过程中选择的灵活性比较小；另一方面，政府为了实现环境保护的目的，通常不会考虑企业的治污成本，而是要求不同的排污企业，在排污、治污、防污过程中采用与执行"一刀切"式的、统一的技术标准和执行标准。这样一来的结果就是大大压缩了企业在污染物处理方式上的选择空间，使得企业大多处于被动地增加成本、降低竞争力的状态，影响了企业技术创新。此外，这一工具提高了对政府监管的要求，增加了行政管理费用与管制成本，降低了管制效率。

（二）基于市场的激励型环境政策工具

由于基于市场的激励型环境政策工具是以市场经济机制为依据，通过给予经济主体一定的利益，利用市场经济信号，借助经济激励手段，使排污企业从防污行为和环境保护中获得一定的经济利益，进而引导排污企业自愿选择对环境更有利的治污行为，所以也被称为环境管制的经济工具。具体而言，它包括环境标志与企业环境管理体系认证制度、排污许可证制度、排污税制度、废物循环利用政策、产业布局和结构调整政策、清洁生产与技术更新政策等。

从国外的理论研究与实践结果来看，基于市场的激励型环境管制，不但有利于排污企业开展技术研发与创新，以便采用质优价廉的防污技术，而且有利于这些技术与经济刺激效果在低成本条件下的持续扩散，给更多企业带来更多的利益[105]。与此同时，基于市场的激励型环境政策工具也存在其内在不足：①在市场机制不健全的情况下，排污权交易、补贴和排污税等基于市场的经济激励型手

① 美国、日本、德国和其他欧洲国家较多地使用了这一工具。如美国就先后制定或修订了一系列法律法规，如1963年的《清洁空气法案》、1967年的《空气质量法案》、1965年的《水质法案》、1977年的《清洁水法》、1972年的《噪声控制法》等。通过立法，美国在防治空气污染、水污染、噪声污染和固体废弃物污染等领域确立了统一的标准。

段难以有效、充分地发挥作用。②排污企业对市场化的工具做出反应及反馈行为需要一个过程，使得工具的激励作用往往需要通过一个滞后期才能体现出来，而这个滞后时间是很难准确预测与估计的。

（三）商业—政府合作型环境政策工具

20 世纪 70 年代以来，公共物品的供给再次引起了争议，以 Golding（1972）[106]、Becker（1974）[107]、Harold Demsetz（1969）[108] 及 Coase（1972）[109] 等为代表的主张经济自由的经济学家研究表明，政府干预往往因为遭到政治压力、利益考虑或者信息缺乏而出现"政府失败"，并不能保证社会最优，而由私人来供给公共产品则是可能的。

基于此，在寻求解决环境问题更有效方法的目的驱使下，出现了自愿性环境管制①，即商业—政府合作型环境政策工具。当然了，由于自愿性环境管制不具有强制性，所以我国在实施过程中也表现出显著不足：①在环境政策的制定与执行方面，由于我国仍然缺乏公开、透明的法定程序，广大人民群众无法有效地参与到政策制定与实施过程当中，同时也难以及时、有效地反馈小企业等群体的意见和看法，导致一些环境政策的制定出台与实际脱节，可操作性不强。②隐瞒甚至包庇排污企业的环境状况。尽管我国现在已经制定并实施了向社会公众通报某一地区环境状况及空气质量等信息的制度，但这一制度中并不包括排污企业生产原料、生产技术、排污情况等方面的信息，使得人民群众很难发现企业超标排放污染物，污染河水、空气、土地等生态环境的行为，难以调动和利用公众参与的热情与力度，导致所能动员的公众力量十分有限[110]。

综上所述，不同的环境政策工具具有不同的优缺点，在不同的应用环境中，能显露出的作用与效果也大相径庭，如表 2-4 所示。需要指出的是，判断环境政策优劣最重要的单一标准是其对有效保护环境质量的新技术创新的激励程度。

---

① 自愿环境管制是一种非正式的环境管制，是建立在政府、排污企业及广大群众自愿参与、实施基础上的，属于道德劝告的性质，如通过教育宣传、树立行业榜样、通报批评等方式来实现对排污企业污染行为的道德约束，或者通过社会舆论等形式对排污企业施加社会压力，迫使其参与到环境保护的行动中，共同完成环境管制的目标。

表 2 - 4　环境政策工具比较[98]

评估标准 环境政策工具	环境改善效果	执行效率 （监督、执行成本）	环境技术创新的 激励程度
命令—控制型环境政策工具	显著	成本较高	很小
基于市场的激励型环境政策工具	总量不确定（可交易污染许可证除外）	成本较高	较高
商业—政府合作型环境政策工具	总量不确定	成本较低	高

二、环境政策工具与企业竞争优势

不同的环境政策工具促使企业采取不同的环境保护战略，选择不同的环境技术，如表 2 - 5 所示。

表 2 - 5　不同工具下企业环境技术选择

命令—控制型 环境政策工具下	企业多会投资末端处理技术或政府指定减少污染的环境技术，这会增加成本，缺乏技术创新激励
基于市场的激励型环境政策工具下	企业多会投资有利于企业的较好环境技术，达到政府要求的环境标准（Over - compliance），有较高技术创新激励
商业—政府合作型环境政策工具下	由于受到政府给予的一些管制豁免的激励，企业往往会投资在超过政府要求的环境标准（Beyond - compliance）、有利于企业的最优环境技术上，技术创新激励最大。当企业在一个管制比较严格的国家中先行采用环境技术，和那些来自环境管制宽松国家的企业相比，它能够建立起竞争优势，因为那些在环境管制宽松国家的企业将来会面临更严格的环境管制，所以较早采取减少污染的创新环境技术的企业就能享受到某种先动优势[111]，如波特所提出的观点[54]

假设企业 A 来自环境管制较严格的国家，企业 B 是来自环境管制较宽松国家的竞争对手，他们在相互对方国家或第三方国家开展竞争。我们可以分析两者在不同环境政策工具下的先动优势，如表 2 - 6 所示。

表 2 - 6　不同环境政策工具下的企业优势分析[111]

先动者 A ＼ 跟踪者 B		列 1 控制—命令模式：要求末端处理技术	列 2 控制—命令模式：指定环境技术	列 3 基于市场的激励型模式：较优环境技术	列 4 商业—政府合作模式：最优环境技术
行 1	控制—命令模式：要求末端处理技术	I 对 A 不利	II 对 A 不利 −	III 对 A 不利 − −	IV 对 A 不利 − − −
行 2	控制—命令模式：指定环境技术	V 对 A 有利 +	VI 对 A 不利	VII 对 A 不利 −	VIII 对 A 不利 − −
行 3	基于市场的激励型模式：较优环境技术	IX 对 A 有利 + +	X 对 A 有利 +	XI 对 A 不利	XII 对 A 不利 −
行 4	商业—政府合作模式：最优环境技术	VIII 对 A 有利 + + +	XIV 对 A 有利 + +	XV 对 A 有利 +	XVI 对 A 不利

注："行"、"列"分别代表企业 A 和企业 B 所面对的环境政策工具。随着行数和列数分别增加，企业 A 和企业 B 的优势分别扩大，"+"越多，表示企业 A 相对于企业 B 的优势越大；"−"越多，表示企业 A 相对于企业 B 的劣势越大。

当环境政策工具相同时（方格 I 、VI、XI、XVI），因为企业 B 面临更宽松的环境标准，因此企业 A 处于劣势，即"对 A 不利"。表 2 - 7 所示为解释结果，可以看出，企业的先动优势可以给所处的行业构筑一道进入壁垒，较早在环境技术上开展了创新的企业可以据此要求政府提高环境标准，以树立自身的先发优势。同时，先动企业还可以构造技术壁垒，借口保护环境，限制其他企业的产品进出口。

三、目前我国环境政策工具的特点

目前我国使用的环境政策工具种类繁多，如表 2 - 8 所示，但是其效果却不尽如人意。如排污费制度、水费等，效果不佳，而如补贴、低息贷款等，效益也低下，其他如排污权交易等政策又不够成熟。

表 2 - 7 企业优势解释[111]

行1：企业A面对命令—控制管制，投资在末端治理技术上。当企业B处于方格Ⅰ时，企业A有一点劣势；企业B处于方格Ⅱ时，企业A情形恶化；企业B处于方格Ⅲ时，企业A情形进一步恶化；企业B处于方格Ⅳ时，企业A情形最差	行2：企业A面对命令—控制管制，采取政府指定环境技术。当企业B处于方格Ⅴ，企业A有一定优势；当企业B处于方格Ⅵ时，企业A开始出现劣势；企业B在方格Ⅶ，企业A劣势增加；企业B在方格Ⅷ，企业A的劣势最大
行3：企业A选择达到政府要求环境标准的较优环境技术。企业B在方格Ⅸ，企业A较有优势；在方格Ⅹ，企业A的优势有所减少；在方格Ⅺ，企业A开始出现劣势；在方格Ⅻ，企业A的劣势增加	行4：企业A选择超过政府要求环境标准的最优环境技术，情形最好。企业B在方格ⅩⅢ，企业A优势最大；在方格ⅩⅣ，企业A的优势减少一些；在方格ⅩⅤ，企业A仍然具有一定优势；在方格ⅩⅥ，处于同样环境工具下，企业A由于管制更严格，出现了一点劣势

表 2 - 8 我国使用的主要环境政策工具[112-114]

经济手段			行政手段			信息手段与公众参与		
名称	时间	范围	名称	时间	范围	名称	时间	范围
超标排污费	1982	全国	污染物排放标准	1979	全国	环保标志	1984	全国
补贴	1982	全国	排污许可证制度	1989	全国	ISO14000	1996	全国
污水处理设施使用费	1993	部分城市	关停污染企业	1980	全国	空气污染指数	1997	主要城市
综合利用税收优惠	1984	全国	环境影响评估制度	1979	全国			
水资源和矿产资源税	1986	全国	"三同时"制度	1984	全国			
押金返还制度	1974	上海等						
对污染企业的贷款限制	1996	全国						
排污许可证交易	1985	上海等						

由于政策手段通常通过减少成本的效果、排污支付效果、模仿效果、价格选

择效果来影响企业决策，所以各类环境政策工具的优劣实际上都依赖于企业对成本的选择、环境收益方程和排污企业的数量①。为此，需要我国政府重新思考该选择怎样的环境政策工具，来激发企业环境竞争意识，提升企业竞争优势，甚至是先动优势。由于基于市场的激励型手段作用的有效发挥受到技术落后、监管能力和资源有限、资金匮乏等市场经济机制的限制，短期内难以得到有效实施，不利于我国企业在你死我活的国际竞争中获得环境竞争力[98]。

总体而言，我国环境政策在制定与实施中表现出如表2-9所示的几方面特点。

表2-9 我国环境政策的特点

特点	说明
政府主导型	政府行为贯穿于环境保护的各个领域与环节，企业是环保政策的被动接受者，而公众参与环境保护的方式、渠道则更少
环境与经济发展兼顾型	我国环境政策属于环境与经济发展兼顾型，非环境优先型，这一特点是与我国目前所处的经济发展阶段直接相关的
实施效果欠佳	环境政策的实施机制比较健全，但实施效果欠佳，某些环保机构缺乏决策与管理能力，执法监督不力不严的情况较为突出
强制性政策是主体	环境政策中的强制性政策占据了主要地位，具有激励作用的环境经济政策的应用很有限，这与世界环境保护的发展趋势不相符

第四节　环境政策工具对环境技术创新能力的影响

有关环境技术创新的研究，早期主要集中于分析其内涵、模式、动力因素，

---

① 当经济激励手段充分发挥作用，企业和政府达成"双赢"合作模式时，企业有很强的激励进行技术创新或改进，在改善环境质量的同时也给企业带来竞争优势。但由于实施过程中存在种种制约，政府要在达到所设定环境目标的效果和效率之间权衡，往往不能达到最优政策选择。伴随着经济全球化、市场开放的步伐越来越快，企业面临的竞争压力也越来越大。我国企业在环境竞争力方面已经明显落后于发达国家，环保性能将成为新一轮竞争中贸易产品市场准入和竞争力的关键。以环境保护与改善为目标的政策工具在强调产品生产过程中必须提高资源使用效率和保护生态环境平衡的同时，还要求出口产品必须符合进口国的有关环境标准。

以及各个国家、地区和各类产业或行业的环境科技管理体系的特点及经验。这些研究大多是来自事实证据（Anecdotal Evidence）和案例研究（Case Study），缺乏计量经济学的研究，研究结果更多表现为对环境技术创新现状的简单描绘。对其背后的影响机制涉及很少，尤其是没有体现出环境资源的公共物品性质所导致的消费者不愿为使用环境资源而支付费用、市场机制难以激励生产者提供公共物品或准公共物品情况下，政府在其创新中所发挥的重要作用。为此，近几年的研究则集中于进一步分析各个因素，尤其是政策因素[①]对环境技术创新的影响机制，而对此影响机制的研究主要分为理论研究和实证研究。

一、理论研究成果

技术作为一种可交易的商品，其变迁与创新是受到供给和需求影响的，环境政策正是通过影响创新技术的供给和需求，影响环境创新技术变迁和创新的路径。

（一）环境政策工具对环境技术创新影响的理论分析

一般而言，创新包括研发投入、模式选择、成本控制三个阶段[②]，而在这个过程当中，贯穿始终的就是需求因素。虽然技术商业化的决策很大程度上取决于预期销售额的需求函数及其预期利润，但是比较不同环境政策工具创新激励效应的文献则更多关注供给面，侧重分析面对不确定性结果时，政策工具对企业研发行为决策的影响。例如，Magat（1978，1979）采用 IPT 模型，比较了税收、补贴、排污许可证交易制度、污染排放标准以及行政命令式直接管制对治污技术发明和创新的影响效果，结果显示，除技术标准外，其他各项政策工具均诱致了有利于降低污染排放的创新，其中，行政命令式直接管制的激励作用最差[115,116]。Cadot（1996）研究了在不完全信息条件下，拥有更低治污成本技术的企业可能会对外宣称技术成本非常昂贵，为了避免这种不对称信息，政府需要设计一种威

---

① 政策因素主要指那些以保护和改善环境质量为直接目的，由政府环境保护部门制定和执行的法律、规章和政府指令等政策（沈斌，2004）。其类型大致有排污收费、排污交易、环境补贴、排污许可、市场准入、技术规范、产品标准、产品禁令、生产商责任、信息披露、自愿协议等（吕永龙，2003）。

② 首先，企业需要按照边际创新成本和边际收益相等的原则，决定研发投入；其次，企业决定是开展技术创新还是技术模仿；最后，在边际治污成本和排污价格相等的条件下，企业使污染控制成本达到最小。

慑机制，同时，Cadot（1996）对比分析排污税和研发补贴效果后得知，在假设了相同的环境目标时，由于研发补贴不像排污税那样具有减少产出的效应，所以其创新激励的效果更优[117]。

Fisher（2003）研究认为，政策工具优劣的排序主要是受到企业技术采用成本、环境收益函数及产生污染排放的企业数的影响[36]。各种政策手段对技术创新的影响如表 2 - 10 所示。总体来说，基于市场机制的激励型政策工具的创新激励效应主要来自污染成本效应的减少，创新抑制效应主要来自模仿效应和技术采用价格效应的提高。

表 2 - 10　环境政策工具对技术创新的激励

政策工具 决定因子	排污税	免费排污许可	拍卖排污许可
成本减少效果	（＋）	（＋）	（＋）
技术模仿效果	（－）	（－）	（－）
排污支付效果	0	0	（＋）
价格选择效果	0	（－）	（－）

Ulph（1998）比较了污染税收和命令—控制标准的技术效应差异后发现，因为环境规制存在两种竞争性效应：一是导致厂商为发展节约成本和降低污染的生产方法，增强研发投资的成本递增的直接效应；二是降低了厂商研发产出的间接效应，所以，提高税收和标准严格程度对研发的影响是不确定的[119]。

Montero（2002）比较了政策工具在非竞争性环境下对技术进步的影响。在其模型中，当面临相同的环境管制手段时，为了降低治污边际成本，两个寡头都会加大对研发活动的投资，同时，二者均可从对方企业的研发活动的溢出效应中得益，这种溢出效应会导致其他厂商产量变化，利润下降。基于收益最大化的前提假设，企业在进行研发投资决策时，必须考虑因污染减少、成本下降所带来的利润增加及另一方企业研发的溢出效应。其结果就是：当市场是以古诺竞争为特征时，直接和间接的环境管制都可以对企业产生更高程度的研发激励；当市场是以伯川德（Bertrand）竞争为特征时，直接和间接的环境管制都不会对企业产生更高的研发激励[120]。

总之，目前的理论研究文献大多集中于分析，选择一个最优的政策工具来引发创新[121]。早期的理论研究结果认为，基于市场的工具（Market Based Instruments），如环境税、交易许可证等的最大优点在于给企业持续的环境保护行为提供了普遍的激励，比命令—控制式的手段更加高效[122,123]。近年来的理论模型中已经开始考虑内生的技术创新以及不完全的竞争行为的影响[120,124]。以往认为基于市场的工具最有效的结论是建立在完全竞争和完全信息的基础上的，一旦企业从创新中获得了战略优势，那这个基础就会发生变化。在非完全竞争和非完全信息的情况下，环保标准（Standard）可能就更能激励环境创新。对此，Fisher 等（2003）、Requate 和 Unold（2003）[36,125]就比较了基于市场的不同工具，如排放税（Emissions Taxes）、拍卖许可（Auctioned Permits）等之间的优劣，结果并未找到各个工具之间的明确的优劣排序。换句话说，没有哪种手段是公认最优的。单单对哪一种手段进行分析和比较都难以全面地说明问题[126]，缺乏实证支持，需要具体情况具体分析[45]。如此一来，实证研究就成为更加有效的研究方法了。

（二）环境政策工具对技术创新扩散影响的理论分析

"离散技术选择"模型是分析技术扩散的重要的理论框架。基于这个模型，Milliman 和 Prince（1989）考察了命令—控制、污染排放补贴、污染排放税、许可证投标、许可证自由配置这五种环境政策工具对企业技术扩散所提供的激励。研究发现，许可证投标制度的激励效果最大，其次是污染排放税和补贴，许可证自由配置和命令—控制的效果最差[124]。Jung（1996）也得到了类似的研究结果[127]。

随后，许多研究成果开始对上述研究结果加以进一步阐释和扩展。Milliman 和 Prince（1989）及 Jung 等（1996）[124,127]认为，技术扩散降低了均衡的许可证价格，使得投标许可证获得较大的新技术总收益，为技术扩散提供了较强激励。一旦可交易许可证的市场价格随着技术的扩散而降低了，所有的企业都将从这种较低价格中获益[128,129]，因此，许可证拍卖制度并不能比许可证免费制度提供更强的激励。当然了，如果企业是许可证市场的价格接受者，那么，许可证投标制度和许可证自由配置制度会对企业的技术采用提供类似激励。

二、实证研究成果

技术创新是权衡环境保护与产业绩效的重要决定因素，Porter（1995）提出的"波特假设"（Porter – hypothesis）认为，合理设置的环境规制能够刺激企业的技术创新，产生创新补偿作用。在某些情况下，这个补偿作用会超过环境规制所导致的额外成本，从而使产业达到经济绩效和环境绩效的"双赢"[54]。

（一）环境政策工具对环境技术创新影响的实证分析

虽然通过案例研究可以发现一些因果关系机制[130]，但要想得到具有统计意义的结果仍旧需要量化的、采用了合适指标与数据的实证研究。现有政策工具对环境技术创新影响的文献大多是实证类研究。虽然在计量模型中使用专利数来衡量创新存在诸多不足，但其仍是目前作为因变量分析创新影响因素的最广泛的衡量指标[131 – 139]。

同时，现有研究有用环境支出作为政策工具的严格性的替代变量，来研究其对环境技术创新的影响。根据 Lanjouw 和 Mody（1996）、Jaffe 和 Palmer（1997）、Grupp（1998，1999）、Furman 等（2002）、赵红（2007）[139 – 143]的研究得知，环境污染治理和控制费用支出与环境专利数量之间存在正相关性。Klassen 等（1999）、Brunnermeier 和 Cohen（2003）、Hamamoto（2006）、Popp（2006）、Rennings 等（2006）、黄德春和刘志彪（2006）、Rehfeld（2007）、Horbach 等（2008）、白雪洁和宋莹（2009）、江珂（2009）[52,47,144 – 149]则将环境保护作为政策工具严格性的潜变量，分析得知其与环境创新之间存在正向作用。Popp（2003）、Lange 和 Bellas（2005）[150,151]研究认为，基于市场的政策工具比命令式的政策工具更能促进创新。Horbach（2008）强调不同因素如环境政策、管理工具和企业创新能力等都对环境创新存在影响，过去有过创新的企业在当前也有更大可能性创新，即存在"创新孕育创新"（Innovation Breeds Innovation）现象[30]。Popp（2005）研究认为与能源相关的专利对激励的反应很快，但对研发补贴则存在收益递减现象[152]。此外，Newell 等（1999）、Grupp（1999）、Popp（2002）、Lutz 等（2005）[142,153 – 155]的研究表明，能源价格的上涨会激发节约能源的创新。Johnstone、Haščič 和 Popp（2010）在其针对可再生能源技术的研究中，分析了由研发经费投入、政策工具种类、政策严格性等所构成的监管对环境创新的影响[156]。

结果显示，技术扩散对专利行为未产生正向影响，研发经费投入对创新存在培育作用，相比于传统的发电方式，可交易的绿色环保证书及其他政策也会对技术创新如风电发电等存在影响，但上网电价税收返还政策在促进技术创新上成本更高。

产品特性的逐步提升过程可以被称为一个创新的过程。如果从单位产品所消耗的资源数量的变化角度来看，创新过程也可视为产品节能效率提升的过程。相比过去的技术而言，节能型的新技术可以提升能源的使用效率，而要实现这新旧技术的过渡和完全替代，则需要靠能源价格的变化来引导。较早时期，Atkinson 和 Halvorsen（1984）[157]，Wilcox（1984）[158] 运用 Hedonic - Price 模型，实证研究发现新型汽车燃油效率的变化很大一部分与燃油价格的预期相对应。换言之，汽油价格的变化可以有力地解释汽车特点的变化，这进一步反映在市场上汽车结构的变化，燃油性好的汽车在市场上的占有量会越来越大[159]。当然，燃油价格中包含了燃油成本、燃油附加税等[160]。随着能源价格的上涨，会带来能源相关专利的增加，且其大部分作用会在几年内呈现，随后又会消失，消失原因在于R&D 的减少[161]。Newell（1999）[153] 则研究发现，新型轿车的设计充分反映了燃料价格的变化。1972～1982 年，汽车制造企业技术改造成本的上升都与其所处同一时期内汽油价格的上升及环境标准的提高有关。换句话说，提高燃油税和汽车尾气排放标准促进了美国汽车产业节油技术的创新[162]。我国汽车产业要进一步发展，关键在于政府强有力的政策和要求，以及本土企业与跨国公司之间互相学习关系的建立[163]。

（二）环境政策工具对技术扩散影响的实证分析

与一般技术创新不同，政府环境管制常常可以创造出一个拥有环境友好型产品和服务的新市场，一旦其他国家相继采用这些环境技术，先行国家就获得了出口优势和先机[32]。例如，Jaffe 和 Stavins（2002）在研究美国新住宅建筑中热隔离技术的采用情况时发现，该技术的扩散与能源税和成本补贴存在正相关性，其中，补贴的效果大约 3 倍于税收的效果。同时，美国各州实际采用的建筑标准高于政府的管制标准，使得建筑标准对技术扩散没有效果[121]。

此外，如许可证交易制度、环境报告[146]等环境管理工具和成本节约可能性会促进环境技术的扩散。以 20 世纪 80 年代的美国为例，在使用跨期模型分析其含铅汽油的环保政策对技术扩散效果的影响时发现，由于列入行政性条款内的技术标准大多需要经过一段较长时期的评估、运行过程，技术标准的时滞性明显加剧，不利于新技术的扩散，而各炼油厂之间的许可证配额交易制度对新技术扩散则存在较强激励，明显优于直接的标准控制。

总之，环保政策与环境技术之间存在强烈的相互作用，其动态变化过程会影响到环境绩效①。从国外的相关研究结果来看，简单、明确的直接管制并不如想象中那般有效，相比之下，充分发挥市场机制的间接管制更加有效。但是这类研究成果多关注于国外的某个具体产业或某类企业，是运用问卷调查获取研究指标和数据，使得所得结论的针对性很强，但针对我国的情境，即我国的产业与企业的研究成果尚不多见。国内学者则主要从制度的激励效应方面开展研究[98]，或者采用经验数据来验证波特假设，分析环境规制对技术创新的影响，所得主要结论是，环境规制在给企业带来直接费用的同时，也会激发一些创新，使受规制企业受益[147]，只是这个激励程度还相对很小[164]。

第五节　"动力—行为—能力"研究框架

基于前面的文献综述，本书尝试在技术、市场和政策三方力量共同作用下，通过微观层面的企业的环境技术创新与竞争扩散行为研究，构成区域或产业环境技术创新效率和能力的基础来源，同时，借助环境政策工具，刻画出环境技术创新的三个动力要素中的环保要求，结合技术和市场因素，分析其对环境技术创新的影响作用。本书提出如图 2 - 4 所示的"动力—行为—能力"研究框架。本框架考虑了企业技术创新与扩散的基础作用，结合对创新效率和能力的分析，通过引入环境政策工具，研究环境技术的动力要素对其能力的影响研究。

---

① 一方面，人类社会和经济活动对环境造成的冲击受到技术变迁速度和方向的影响；另一方面，环境政策对技术变迁的速度和方向又有很大的反作用。

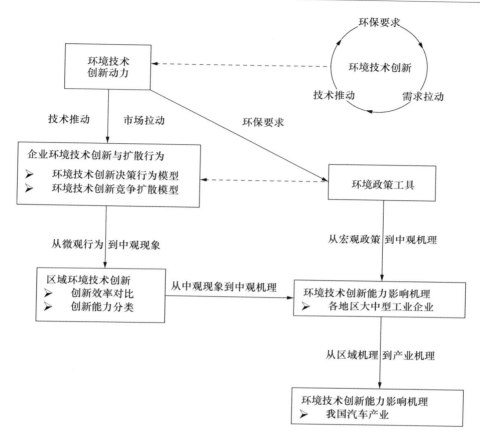

图 2-4 "动力—行为—能力"研究框架

第六节 本章小结

本章首先在对技术创新、技术环境、环境技术三者区分的基础上，对环境技术创新的概念进行界定，并对其动力和基础进行简要介绍；其次基于技术创新系统和制度环境，对技术创新与制度创新二者之间关系的研究进行了简单综述；再次探讨了环境政策工具这一环境技术创新动力中环保要求这一具体表现的演变、对企业竞争优势的作用、我国目前环境政策工具的发展现状及有关环境政策工具对环境技术创新影响的国内外现有研究；基于前述研究基础的回顾，最后提出了一个本书后续研究的"动力—行为—能力"研究框架，为接下来的研究打下基础，从第三章开始，直至第九章，我们就将沿着"动力—行为—能力"这一路径逐步展开。

第三章　企业环境技术创新动力研究

正如第二章文献综述中所表明的，环境技术创新以生态可持续性为基础，以经济可持续性为主导，以社会可持续性为目标。主张以"可持续性"为基本准则，有效地弥补了传统技术创新中过分强调经济效益最大化、忽视资源保护和污染治理的缺陷，希望通过将经济活动和生态环境作为一个有机整体，从"生态—经济—社会"系统的整体上考虑技术创新，使其带来的正溢出效应及负环境效应的内部化，带来经济效益和环境效益"双赢"。换言之，企业内外部环境压力迫使企业慎重考虑创新方向。

同时，不可再生资源的枯竭也逐步成为发展瓶颈，可再生资源的广阔应用前景存在巨大吸引力，加上企业自身实力，都使得环境技术成为企业增强其竞争力的必然选择。一直以来，创新都强调技术进步的推力作用和市场需求的拉力作用，普遍认为技术推力在产品开发的最初阶段非常重要，需求拉力在扩散阶段非常重要。

第一节　环境技术创新的影响因素

由于环境问题大多代表负的外部效应，开发新的环境友好型技术常常缺乏足够的经济激励，因此，在分析环境创新的动力因素时，需要着重分析影响技术进步和需求拉力的环境政策对创新的作用，即环境技术创新存在三方动力要素。

由于企业进行环境技术创新可以达到一定程度上的"双赢"，因此，对于环境技术创新的影响因素的研究变得十分重要，这项研究与以往的创新研究可能会有一定的差异。不少国内外学者对环境技术创新展现了极大的兴趣，并对其做了大量的细致性的研究。环境技术创新的影响因素大致可以分为三种：需求拉动因素、技术推动因素以及环境政策因素。这三种因素构成了环境技术创新的主要驱动力，如表3-1所示。

表3-1　环境技术创新的影响因素

影响因素	具体表现
需求拉动因素	（1）清洁生产的社会意识、公民意识、环境意识，民众对环保产品的偏好 （2）市场需求
技术推动因素	（1）企业的技术发展水平和研发能力 （2）独立性问题和市场特点
环境政策因素	（1）环境规制（创新激励机制和经济管制措施） （2）制度结构，如环保组织、创新网络、信息组织

一、需求拉动因素

对于传统的创新产品，需求对企业的环境技术创新活动的激励效应体现了其本身的特点。首先，大众的需求受企业家环境意识和社会意识的影响。环保意识的逐步深入使得广大民众对无污染的环保产品和清洁技术的需求逐渐增大，这种对于环保产品的需求一般情况下会是促进企业进行环境技术创新的外在压力。与此同时，King和Lenox认为，某些环境改善表现差的企业可能会使其声誉受到极大影响，为防止失去社会公众的信任，企业要通过各种途径促进环境技术创新活动的实施。其次，除了公众对环保产品需求增大的影响，政府对环境友好型产品的采购也是激励企业进行环境技术创新主要的需求拉动力。此外，促进企业环境技术创新的实施需要绿色供应链，因为建立绿色供应链会对上游企业供应商以及下游的企业产品清洁化与绿色化形成一种推动力量。最后，发达国家的出口需求倾向于环保产品，也是对环境技术创新的一个需求拉动因素。Poter 和 Van der

Linder 认为，世界性市场的需求正逐渐向无污染、低耗能的绿色产品方向进行发展，这对我国国内企业进行环境技术创新是一种非常关键的拉动力量。

二、技术推动因素

技术创新的理论主要强调的是企业的研发能力，这种能力一般是由企业研发新产品或新工艺的基础资本、设备、人才储蓄构成的。企业为获得这样的条件，对 R&D 投入以及对人才进行培训是必要的。国内学者许庆瑞通过研究企业进行环境技术创新的技术源、资金源和动力源，说明了企业 R&D 投入对实施环境技术创新的重要性。与此同时，当创新可以给企业带来额外收益时，企业的创新活动才会逐渐增多，这样的创新才会更有意义。实际上，企业的经营者并不会得到创新所获得的大多数甚至所有社会收益。对于大公司来说，垄断的市场结构为它们的产品带来了独占性优势，同时也可以从与创新相关的活动中获得更多收益。这是由于它们感受到的来自竞争者的威胁很少。就大企业而言，它们的创新优势是资本实力雄厚，能够独立进行创新。但是，由于大型公司一般处于垄断地位，创新动力难免不足。与之竞争的小公司为了在激烈的市场中生存，必须要比垄断者"做得更好"，所以这种情形激发了它们开发新产品的动力。

以上阐述说明，市场结构是动态的。同行业的竞争者试图动摇大企业垄断的格局，因此，破坏性创新是提高企业内部技术的动力。此外，很多具备技术能力的企业可能会进行技术上的创新，但不一定会进行环境技术方面的创新，这与它们所处的社会环境、行业类型、市场环境以及领导者的意愿等因素存在关联。末端技术与清洁处理技术在生产效率和生产成本两方面的差异，会导致这两类环境技术一方面在依赖政府进行推动的层面上对企业的生产型投入产生"挤出效应"，另一方面与企业市场战略上的融合存在一定难度，以至于影响企业环境技术创新的动力。然而也不能忽视它的另一个作用，即促进企业获取环保经营知识的动力与物质的保证。

三、环境政策因素

政府基于保护生态环境、节约能源、改善环境质量而制定环境政策来约束企业的污染行为。由于环境技术创新会给企业带来成本增加的负担，所以企业不会自发地进行环境技术创新。因此，需要政府制定和实施合理的环境政策来约束企业的环境行为并激励企业积极开展环境技术创新活动。合理的环境政策不仅会使企业的环境技术创新行为的风险降低，还能使其获得额外收益。环境政策包括环境战略的制定、环境规制、环境管理等。其中，环境规制还包括环境技术创新激励机制和经济管制措施。其制度结构主要包含环保组织、创新网络以及信息组织。这些政策的有效实施不仅使环境压力得到有效缓解，还能使企业在环境技术创新的基础上获得额外利润。

在本章中，我们结合一个实例，即重庆长安汽车集团开发新能源汽车这个案例，通过分析其环保要求、技术推动、需求拉动三方动力的具体体现，来直观地感受一下环境技术创新的动力要素及其对环境技术创新行为和环境技术创新能力的基础作用。

第二节　重庆长安汽车集团创新现状

汽车产业能够带动诸多行业和产业发展，能够为各种新科技的应用提供平台，能够创造众多的税收和就业岗位，是经济持续增长的发动机、产业结构升级的助推器。1986 年制定的"七五"计划中第一次明确把汽车制造业确定为重要支柱产业[165]。近年来，随着汽车需求量的迅猛增长，中国已成为世界上产销量最大的汽车市场[166]。由于汽车产业在技术上具有高度的连续性，改革开放以来，国内很多企业利用中国的广阔市场，"拿来"国外汽车产品或品牌，开展规模化生产，获利颇丰。但是产品并不意味着技术能力，产品或许可以充实一个国家的市场，带给企业短期利益，但却不能保证提升国家工业水平，更不能带给中国汽车产业以持久的竞争力。一个国家工业水平的提高，归根结底取决于其工程师与技术工人队伍综合生产力水平的提高，持续的学习是唯一的方法。技术能力买不来，学习过程更不可能由别人替代。

新能源汽车的出现是能源危机与环保意识作用于汽车产业发展的结果，各国主要的汽车制造企业都试图在新能源汽车的技术研发、产业化及市场占有上引领先机。美国、欧盟、日本等国家和地区在新能源汽车产业化方面已经处于全球领先水平[167]。我国新能源汽车研发起步于 20 世纪 80 年代，其中，电动车的研发最早。经过多年发展，尤其是 2008 年金融危机冲击后，也开始重点关注新能源汽车产业。为此，我们将在文献分析基础上，通过分析重庆长安汽车股份有限公司面临外部环境压力、行业前景的吸引力和其自身企业实力时大力发展新能源汽车的案例，来说明环境创新是企业实现可持续发展的必然选择。

重庆长安汽车股份有限公司（以下简称长安汽车）自 1984 年正式进入汽车行业以来，已经建立了中国重庆、上海、北京、哈尔滨、江西，意大利都灵，日本横滨，英国诺丁汉，美国底特律"五国九地、各有侧重"的研发格局，拥有核心研发人员 3000 余人、优秀外籍专家 70 余人、国家"千人计划" 7 人，位居我国汽车行业第一。2009 年，长安汽车自主品牌已排名世界第 13 位、中国第 1 位，综合研发实力居中国汽车行业第 1 位。长安汽车始终坚持战略前瞻，着眼长远，大力发展节能与新能源汽车①。在新能源汽车的研发、产业化、示范运行方面已走在全国前列。

第三节 内外环境压力迫使长安进行环境创新

长安汽车面临的外部环境压力使其进一步发展遭遇多种挑战，促使其将环境创新的新能源汽车作为未来发展的基本方向。

一、交通能源与环境问题是我国面临的严峻挑战

当前全球汽车的保有量大约为 8 亿辆，预计到 2020 年将达到 12 亿辆，2030

---

① 新能源汽车是相对于传统燃料汽车而言的。工业和信息化部 2009 年 6 月 17 日发布的《新能源汽车生产企业及产品准入管理规则》将新能源汽车界定为采用非常规的车用燃料作为动力来源（或使用常规车用燃料、采用新型车载动力装置），综合车辆的动力控制和驱动方面的先进技术，形成的技术原理先进，具有新技术、新结构的汽车。同时，新能源汽车的类型包括混合动力汽车、纯电动汽车（BEV，包括太阳能汽车）、燃料电池电动汽车（FCEV）、氢发动机汽车、其他新能源（如高效储能器、二甲醚）汽车等各类别产品。

年达到 16 亿辆，主要增幅来自发展中国家。据国际能源机构（IEA）预测，2020 年交通用油占全球石油总消耗将达 62% 以上，到 2050 年，全球石油供需缺口将两倍于 2000 年的世界石油总产量。同时，根据国际汽车制造商协会统计，汽车在节能减排方面的贡献仅有 16%，交通能源转型势在必行。

我国是一个缺油、少气、多煤的国家，为了实现我国交通能源来源的多样化和互补性，需要结合我国实际情况，合理、适当地发展基于煤炭的燃料工业、基于生物质的农业能源和基于天然气的气体燃料技术。

从我国区域发展格局来看，我国的城市化是典型的点型发展模式，即以大城市群为主，在大城市群中，燃料基础设施较为集中，这一特点对于燃料清洁化生产和使用的管理与监督工作而言非常有利。除了大城市群之外的广袤农村，由于布局分散、规模普遍较小、发展程度普遍偏低，在这种情况下，发展能源来源多元化、燃料制取和消费当地化的燃料供应体系更加适合。

二、未来二十年是我国汽车产业转型的重要战略机遇期

自进入 21 世纪以来，以替代燃料和混合动力为代表的各种新型汽车能源动力技术发展迅速，其主要趋势集中表现为能源多元化、动力电气化和排放洁净化。按照传统汽车和新能源汽车的划分，节能减排技术主要指新能源汽车。根据采用能源的不同，主要有纯电动车、燃料电池汽车。除了传统的汽车节能技术，如提高发动机本身效率、减少摩擦损失、降低空气阻力与滚动阻力（车身流线化与轻量化）外，还采用了混合动力技术。目前，混合动力汽车产业化的领先者是丰田和本田。截至 2010 年，全球混合动力汽车销量已超过 400 万辆；燃料电池作为一种新兴能量转换装置，目前还存在很多技术障碍，但作为远期解决方案仍然被全球看好。

三、国外各国新能源汽车发展战略相继出台

美国、欧盟、日本等国家和地区在汽车产业的技术创新上表现出三极化趋势[167]，如表 3-2 所示。

表 3 - 2　各国新能源汽车发展战略

国家	特点	具体战略
美国	各届政府均提出了不同的车用能源发展战略	克林顿政府将混合动力列为提高燃油经济性的主要技术方案;布什政府则计划通过氢燃料和生物质燃料电池汽车来实现零排放和对石油的零依赖;奥巴马政府则直接实施了总额达 48 亿美元的动力电池及电动汽车研发和产业化计划
欧洲	注重温室气体减排,以满足日益严格的二氧化碳排放要求	主要目标在早期以生物质燃料和天然气为主,20 世纪初曾提出到 2020 年实现 23% 的石油替代,主要依靠生物质燃料、CNG 及氢燃料;后来又对电动汽车给予高度关注,如 2009 年,德国发布电动汽车计划,以纯电为重点,分别提出 2015 年、2020 年的产业化和市场化目标
日本	坚持确保能源安全、提高产业竞争力的双重战略,通过制定国家目标,引导新能源汽车产业发展	2006 年的新国家能源战略中,明确提出通过改善和提高汽车燃油经济性标准,推进生物质燃料应用,促进电动汽车和燃料电池汽车应用等途径,将 2030 年交通领域对石油的依赖从 100% 降到 80%。为了配合新能源战略实施,提出了下一代汽车燃料计划,大力发展电动汽车,计划到 2020 年普及以电动汽车为主体的下一代汽车。日本目前在混合动力车型上全球销量第一,在纯电驱动的规划和产业化方面步伐是最快的,燃料电池产品的研发和产业化也是领先的

四、我国新能源汽车产业政策的相继出台

我国在传统汽车产业上,技术力量明显不足,创新能力欠佳,而有效的产业创新政策体系是改变和获取现有和未来产业比较优势的重要保证。我国新能源汽车起步于 20 世纪 80 年代,2000 年颁布的《汽车产业政策》中明确要求在"十五"期间"推动电动车、混合动力车的研发,加快代用燃料汽车的推广使用"。国家 2001 年启动的"863"计划电动汽车专项就计划建立纯电动、混合动力和燃料电池的"三纵"与多能源动力总成控制、驱动电机、动力蓄电池的"三横"布局。2006 ~ 2007 年,"三纵三横"的新能源汽车产业格局开始显现。2008 年上半年,新能源汽车累计销售量达 366 辆,同比净增 107.95%。2009 年,《汽车产

业调整和振兴规划》出台,要求"以新能源汽车为突破口,加强自主创新,培育自主品牌",计划到 2011 年,纯电动、充电式混合动力和普通型混合动力汽车形成 50 万辆的产能,销量也争取占到乘用车总销售量的 5%。

从出台的一系列政策措施中可以看出,我国政府已在有意识地引导汽车产业的发展方向。由于汽车产业的创新受到技术轨迹及市场发展的阶段性影响,为了将企业眼前创新利益与社会发展长远利益有效结合,需要产业政策具备诱导性和连贯性。日本企业在电子产品和汽车工业方面的优势地位就与其整个国家的创新导向密不可分。我国在发展新能源汽车产业时,不仅要通过市场机制引导企业开展以节油技术为中心的产品开发,通过产业扶持和项目资助的方式加大新能源汽车研发为中心的知识储备、技术研究和产品开发,还要通过适当的政策引导,帮助那些已经可以产业化的技术产品进入市场。

五、新能源汽车产业化环境的逐步完善

产业创新环境主要指促进汽车产业创新的软硬件环境①。首先,要有利于创新的产业结构。客车方面,1955 年美国三大主要客车制造商的市场份额是95.4%,我国客车制造行业经过 20 多年发展,集中度也仅为 78.9%。集中度不够不仅难以达到显著的规模经济,而且建立在众多中小企业之上的创新活动的制度化建设成本、产业研发实验室维护成本、不同企业与组织发展协调成本等都是不小的挑战。新能源汽车产业化要求建立在较高的投入产出基础上,因此,适宜的产业结构是必需的。其次,要有支持创新的商业环境。这需要在满足一定产业结构的要求下,打破条块分割的商业发展模式和技术管制模式,允许不同产权主体、不同所有制企业之间跨地区、跨国界地交流合作,鼓励汽车产业主体在全球范围内开展技术研发、产品研制、市场销售和原材料采购,鼓励产业之间、产业内外联合。最后,要有在制度上培育企业家的创新环境。创新思想转化为商业机会需要企业家的参与,企业家的创新与创造离不开创新环境,如大学、科研机构和实体沟通渠道。

---

① 硬环境指产业发展所需要的合理的产业结构、不同产业之间的相互联系及组织网络等;软环境指促进产业创新运行所必需的创新氛围,包括法律制度、企业家精神及社会化服务体系等。

实际上，国内新能源汽车的发展主要得益于国家"863"计划，迄今已经历三个阶段，如表3-3所示。

表3-3　国内新能源汽车发展阶段

阶段	年代	发展核心	发展内容
一	"九五"至"十五"	以整车牵头，燃料电池汽车、纯电动汽车和混合动力汽车并举	"九五"期间，科技部组织实施了"清洁汽车行动"。截至2008年底，全国已有燃气汽车35万余辆，加气站800余座，年替代石油300多万吨。"十五"期间，科技部组织实施了"电动汽车重大科技专项"，投入8.8亿元，200多家单位、2000多名骨干科技人员直接参与实施，初步形成了官、产、学、研合作机制
二	"十一五"期间	以混合动力平台为主	小型纯电动汽车已通过产品型式认证试验，混合动力汽车已开始商业化试验示范运行，燃料电池汽车已研制实用样车。这说明我国具有汽车产业变革的后发优势。尽管发达国家均大力推动各种代用燃料汽车的应用和向氢能燃料电池汽车转型，但其传统汽车产业庞大，石油基础设施完善，消费习惯难以转变，转型成本高昂，我国汽车工业刚刚发展，汽车普及率低，自由度更大。相对常规汽车而言，我国在新能源汽车研发和产业化方面具有比较优势
三	"十二五"期间	以动力模块为主	技术开发是随着整个技术的成熟及示范运营和国家支持的扩展而不断深入的，从整车集成到动力平台，再逐步过渡到模块。同时，在国家支持下，国内主要汽车企业都在发挥重要作用。新能源汽车技术变革与产业化是一个漫长过程，混合动力有望在近中期逐步普及，而燃料电池汽车的规模商业化至少要在2020年以后。中长期汽车技术发展为我国新能源汽车发展提供了历史机遇

第四节　新能源汽车前景促使长安进行环境创新

近年来，随着国际能源供应持续紧张、原油价格持续上涨及全球环境保护呼声日益高涨，新能源汽车的技术研发和产业化受到了高度重视，以美国、欧洲和日本为代表的发达国家和以巴西为代表的发展中国家都在积极发展[168]，但目前普遍受到多方面制约，产品成本及价格普遍高于传统汽车，可靠性、方便性、安全性、维修性也未达到传统汽车的水平。因此，新能源汽车大规模产业化必会经历一个长期过程。

我国自 20 世纪末，尤其是国家"863"计划以来，在纯电动汽车和二甲醚汽车方面，最早从客车开始，2003 年东风汽车公司率先在武汉投入混合动力客车进行示范运营，现在已有一汽、中通等企业的混合动力汽车产品投放市场，示范运营。混合动力乘用车里则有比亚迪、一汽、长安、东风、上汽等企业以不同技术开发产品，进行示范运营和少量商业化投放。随着示范城市逐步增加，到 2010 年，混合动力汽车销量接近 7000 台。尽管如此，我国新能源汽车在部分领域与世界先进水平相比仍存在较大差距，技术产业化缺乏有效的政策扶持，相关基础设施，如充电站网络的建设还很不健全，产业链条还存在缺失和薄弱环节。

一、混合动力汽车前景

自进入 21 世纪以来，我国汽车保有量以超过 10% 的年均增长率迅速增加，至 2008 年，汽车保有量已经达到了 4975 万辆。同时，汽车所消耗的车用燃油消费量占石油消耗量的比例逐年稳步上升，至 2007 年末，已经达到了 34.12%。此外，虽然经过多年发展，我国汽车发动机质量和可靠性取得了长足进步，但是发动机的节能减排技术还远远落后于国际先进水平，油耗量偏大，平均油耗高于国外发动机 10% 以上，如图 3 - 1 所示，具有巨大的节能潜力[169]。

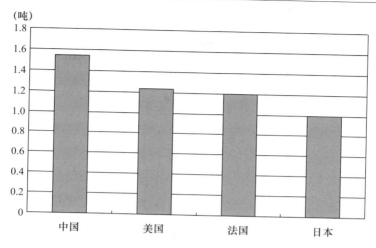

图 3-1　2002 年等效平均单车年耗油量对比

　　因此，发展混合动力系统、优化现有车用能源动力系统，无疑具有极其现实的意义。混合动力汽车的价值主要体现在节能减排上，而城市公共服务领域的大型车辆最适合首先发展混合动力汽车。在技术上，混合动力车应先发展"弱混"再发展"强混"（含插电式双模）。国内的混合动力汽车已经具备了自主开发能力，尤其是商用车，产品、技术都接近国际前沿水平，并且实现了产业化，混合动力客车保有量也超过了 8000 辆，位居世界前列。混合动力轿车起步则相对较晚，目前初步具备各种形式混合动力轿车的开发能力，产品以微混、起停、ISG及超级启动机方式为主。此外，插电式混合动力汽车已有小批量生产。限于国内相关政策及电池、电机、控制器核心零部件产业化水平，与国际上相比还有一定差距。

二、纯电动汽车前景

　　电动汽车可以大幅提高能效，实现零排放，更重要的是，发展电动汽车可以从根本上降低对石油资源的依赖，增强我国在全球温室气体排放中的话语权。纯电动汽车能够带动动力电池、新型电机、电控系统、智能软件以及电网技术、设施和汽车智能化等方面的创新，是一个理想的战略性新兴产业。

　　同时，由于我国汽车产业发展时间较短，传统技术上的沉淀资产较少，技术转换成本相对较低，转换阻力相对较小。所以，虽然我国在传统汽车行业中落后世界领先水平几十年，但我们大体跟上了世界电动车的发展步伐。在纯电动汽车整车技术方面，我国已经建立了具有自主知识产权和适用于中国公共交通和私人汽车市场的纯电动、燃油电池、动力系统技术平台，掌握了整车集成技术，开发出了系列化的规模应用产品，并且登上了整车目录。在电机、电池和控制系统，车用液晶和铝离子电池等关键零部件领域也取得了突破性发展。从关键技术研发到产业化准备已经全面展开，形成了国际上规模最大的电动汽车零部件产业。技术标准和检测能力方面，我国已出台 35 个技术标准，建立了车用电池、电机、整车和技术设施的检测能力。在基础研究方面，对锂离子、催化剂等金属材料，轮毂电机、控制理论、轻量化制造基础技术有序持续地开展研究。可以说，我国完全有能力开发出装备先进动力电池的小型纯电动汽车。因此，可以说电动汽车是我国实现技术跨越的战略机遇，如果合理利用，非常有可能以此为切入点，扭转当前我国汽车产业大而不强的尴尬局面。

三、燃料电池汽车前景

燃料电池汽车可以说是新能源汽车发展的最终解决方案，而氢燃料电池系统则是现阶段可见的最具效率潜力的车用发动机。但当前的车用燃料电池要实现产业化，仍旧面临着一系列重大挑战：如可靠性，传统汽车内燃机的寿命一般在 5000 小时以上，而当前的燃料电池组的寿命仅为 2000 小时，且不同气候、不同环境和不同交通状况下的适应性有待提高；此外，加氢、储氢、氢源、维修及配件供应等相关问题也有待解决。

虽然说燃料电池是车用动力系统的一个远期解决方案，但是燃料电池混合动力城市大客车在近中期实现商业化则是完全有可能的①。到目前为止，我国投放示范运营的乘用车一共有 15 种，占 21%，商用车占 79%，还是以商用车为主，乘用车仍属起步阶段。可把燃料电池大客车作为燃料电池汽车商业化的突破口，逐步发展出氢能燃料电池轿车。虽然新能源汽车具有减少对国外石油依赖和减少

---

① 例如，美国就正在实施国家计划，计划到 2015 年使燃料电池城市客车占到新增城市公交车的 10%。

排放等优势，且自 2009 年 3 月国家将"推广使用节能和新能源汽车"纳入《汽车产业调整和振兴规划》以来，这股绿色旋风便开始大行其道，但这均属外部效益，近期对企业和消费者却明显不经济。与近乎完美的燃油汽车相比，在当前新能源汽车产业化的初期阶段，始终存在产业规模与生产成本、用户普及程度与技术设施建设以及技术成熟度与市场规模之间的矛盾。这些问题无法有效解决，消费者就始终无法自如地使用节能汽车，企业也会感到困惑。

综合分析汽车动力系统的复杂性，如图 3 - 2 所示。

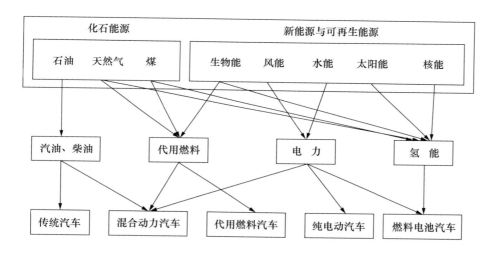

图 3 - 2　我国新能源汽车产业展望

在此基础上，我们不难初步展望出我国新能源汽车的发展趋势，如表 3 - 4 所示。

表 3 - 4　我国新能源汽车的发展趋势展望

时间	发展趋势
2012 年左右	随着石油价格上涨和燃油税征收及排放法规与国际接轨，我国汽车能源动力系统技术转型的转折点将会出现，以混合动力和混合燃料为主体的新能源动力系统车辆产业化高潮将会到来

时间	发展趋势
2020 年左右	随着常规石油供需缺口的出现和二氧化碳政策法规的实施及燃料电池、动力电池等新型能源动力技术的进步，我国新能源汽车技术转型将取得进一步突破，燃料电池轿车产业化有望兴起。但基于各种液体燃料及其基础设施的先进内燃机与混合动力车、基于各种气体燃料及其基础设施的燃气与燃料电池车、基于电燃料及其基础设施的纯电动汽车在 21 世纪前半叶将会长期并存。其中，先进内燃机与混合动力车将占主导，所用燃料近期将以汽柴油为主，掺混少量替代燃料。随着时间推移，各种替代燃料的比例将会逐步加大，燃气与燃料电池车及纯电动车在 21 世纪中叶前后有望达到汽车销量的 1/3 ~ 1/2

第五节　现有新能源实力支持长安汽车进行环境创新

以生产小排量车起家的长安汽车，一直坚持以节能环保为己任，小排量车目前已经占到总产销量的 80% 。实践表明：环境技术创新、环保制度创新、环保观念创新等非资源性要素逐渐代替资源性要素成为决定企业产品生产或竞争实力的重要因素。企业外部环境的压力和可再生能源的开发前景促使环境创新成为企业可持续发展的基本方向，但环境创新作为技术含量较高的系统创新，要求企业必须具备较强实力开发生态产品或进行清洁生产。所幸长安汽车已经在新能源汽车方面积蓄了实力，为其环境创新提供了坚实基础。

一、确定低碳环保为核心的新能源战略和规划

从 2009 年的哥本哈根气候大会，到新推出的新能源汽车补贴政策，汽车业劲刮"绿色风、环保风"，而新能源汽车是长安汽车"绿色、科技、责任"理念

之下的重要工作之一。为此，未来3年内，长安汽车将至少再投入10亿元，形成不同档次、不同用途、搭载不同动力系统的产品集群，同时，还将投入100亿元用于加速推进新能源汽车。到2020年，长安汽车600万辆产销目标中，新能源汽车将占到30%。为此，长安汽车在2010年将"绿色"理念上升到企业战略层面，发布了立足自主、锁定绿色、放眼全球的未来发展行动纲领，将大力推广新能源车浓缩成"G－Living战略"。"G－Living战略"凝聚了"绿色（Green）、成长（Growth）、全球性（Global）"的含义，代表长安汽车健康生活、快速成长，"打造世界一流汽车企业"的宏伟愿景，表达了努力向全球推广低碳生活理念的美好心愿。三个G与"Living"结合，表达了长安汽车以"绿色出行专家"、"绿色发展模式积极践行者"的身份向世界汽车业提出的与时俱进的、具有自身独特发展理念和行动计划的新能源发展战略。

长安汽车通过对欧美国家进行大范围调研认为，中国发展新能源汽车不像有些国家受到利益集团阻挠，行业各方都能从产业发展中获益。虽然在未来一二十年内，内燃机汽车仍将占据市场主流，但以电动车为代表的新能源汽车将是长期发展方向，应着力于关键领域、核心领域，如整车投入、实验手段及装备水平等。对此，长安汽车已经有了完整规划：按竞争优势的重要性排序，符合低成本或差别化的要求；选择关键路线，建立自主知识产权、专利技术；开展纵向、横向一体化的技术合作。同时，坚持多种新能源技术融合发展。

二、强化研发力量，掌握新能源汽车核心技术

"没有研发，就没有企业的根"，长安汽车自2002年初便开始了对新能源技术的探索，先是用两年时间进行原理验证，从2004年开始研究整车性能，包括优化整车布置，采集各个零部件、电机、电池等，对样车进行多种实验，以达到工程化阶段。2007年混合动力轿车"杰勋"的下线，被看作长安汽车自主研发新能源技术中具有里程碑意义的事件。当前，长安汽车在整车、新能源系统、纯电动汽车等方面具备了雄厚的研发实力，如表3-5所示。

表 3-5　长安汽车的研发实力

研发方面	研发实力
整车研发	目前已具备了汽车及发动机产品前期策划、产品造型、工程化设计、产品试制、工艺及试验检测能力，形成纯电动、混合动力技术专利80余项，其中，发明专利20余项
新能源系统研发	构建了包括清华大学、重庆大学、北京理工大学、北京航空航天大学、重庆邮电大学、重庆理工大学、上海大郡、湖南神舟、德国FEV公司、荷兰TNO公司等单位为支撑的产学研团队。早在2006年，长安自主研发的氢燃料发动机就已点火成功。目前，以氢燃料为动力的汽车正在积极研发中，长安在清洁能源动力自主研发领域同样占有一席之地
纯电动汽车研发	已成功突破和掌握自主整车集成设计、系统设计、性能匹配标定等技术95项，整车集成及控制、电机及控制、电池集成及管理三大核心系统控制技术51项，掌握了具有国际先进水平的纯电动整车控制策略软件，形成了一整套关键零部件研发、测试、评价能力，取得了"国家地方联合工程实验室"资格认证，建立了9大类55项纯电动汽车专有试验评价体系。2009年12月6日，长安汽车自主研发的纯电动汽车试生产下线，并参加上海车展、广州车展及深圳中国智能交通展，为助推国内新能源汽车向世界一流技术迈进增添活力
混合动力汽车研发	通过对原有中度混合动力平台的改进优化升级，不断提高质量、降低成本、优化性能，成功将混合动力系统搭载到长安志翔轿车平台上，实现了在中度混合动力汽车技术上的国内领先地位。2009年6月，长安杰勋混动轿车成功上市，正式面向个人用户销售。此外，在中度混合系统的发动机基础上，长安汽车成功地自主研发了高效节能的阿特金森循环发动机，专门用于混合动力车。2008年8月，样机研制成功，经过严格的设计评审后，顺利完成性能试验。试验表明，这款发动机的节能指标和动力特性均达到或超过预先的设计目标。该发动机用于中度和重度混动车，可明显降低耗油率，但成本保持不变，这也是国内首例以批量生产为目标研发成功的发动机

综合而言，在新能源研发上，长安汽车致力于调整和优化经济结构、转变经济发展方式、加强自主创新能力，通过全球视野进行科技探索。近三年来，已累

计投入 200 亿元加强研发手段、研发能力建设。经过近 10 年的发展壮大，已建立起一支 200 余人的新能源汽车系统研发团队，培养出一支高学历、高素质、高能力的新能源汽车研发核心人才队伍，构建了包括清华大学等单位为支撑的产学研支撑团队。此外，长安汽车的科研中心分布于中国重庆、上海、北京、哈尔滨、江西及日本横滨、意大利都灵、英国诺丁汉、美国底特律，研发实力居国内首位。通过多年研发，长安汽车申报了国家科技部"863"项目，掌握了整车系统集成和标定匹配、一体化专用发动机设计等关键核心技术，获得纯电动、PLUG－IN、混合动力技术专利 144 项，其中，发明专利 52 项。在电动车领域，掌握了"整车集成及控制"、"电机及控制"、"锂离子动力电池集成及管理"三大核心技术，形成了一整套关键零部件的研发及制造能力。在混合动力汽车领域，已掌握整车系统集成和匹配标定、CAN 通信协议优化、安全控制策略设计、诊断系统开发等核心技术，初步实现了长安新能源汽车从实验室到市场的转变。

三、建立国内领先的新能源汽车产业化基地

随着国内新能源汽车补贴政策的出台，新能源汽车产业化发展进入实质性推广阶段。目前，长安基于"杰勋"混动轿车，已经取得了多个耀眼的"第一"①，可谓中国混合动力汽车发展史上的里程碑②。长安汽车在混合动力技术方面已形成领先优势，除了弱混、中混技术，强混技术也已进入工程化阶段。在生产销售方面，依托长安汽车的混合动力汽车与传统汽车混线生产，预计到 2012 年，混合动力汽车产能将达到每年 10000 辆。在 2009 年全国 300 多辆混合动力乘用车的销量中，长安汽车以 100 余辆的成绩占据 1/3。此外，长安汽车首款纯电动汽车也已试生产下线，并成功上市。

---

①　国内第一款自主研发量产的混合动力轿车；国内第一个将中度混合技术方案实现产业化的车型；第一款在整车、动力总成和混动系统三方面全新自主的一体化设计的量产车型；国家"863"计划重大汽车专项中第一款实现量产下线的自主品牌轿车；第一款在整车和系统技术上拥有完整自主知识产权的车型，拥有各类专利 300 余项，其中发明专利 27 项；建成了国内自主研发的第一条用于制造混合动力的生产线等。

②　与同级别的传统纯汽油车相比，怠速启停、加速助力和制动能力回收三大混动的标志性功能，使整车油耗降低 20% 以上，排放达到国Ⅳ标准，且排放的污染物相对于原型车减少接近 50%。

对于新能源研究和应用的多元化发展，长安汽车将坚持多种技术融合发展的方式①。就现阶段目标来说，长安汽车仍将致力于保持目前已形成的混合动力技术优势，形成扩展性好、通用性强的技术平台；推动弱、中、强混合动力汽车规模化；加速推进可插入式纯电动汽车的产业化研发，跟踪研发氢内燃机汽车、燃料电池汽车。目前，长安汽车已达到国内一流、国际领先的新能源汽车研发水平。未来 3 年内，长安将在产业基地建设方面投资 10 亿元，打造集新能源汽车研发、生产、试验、检测、评价于一体的创新型产业基地。

四、成立并加入新能源汽车产业联盟

抢占新能源汽车的制高点是汽车业在新一轮竞争中获胜的关键，组成具有统一标准的公共发展平台是现代汽车企业在低碳经济中取得领先的重要基础。从 2009 年美国电动汽车联盟，到 2010 年日本电动车快速充电协会，企业与相关产业形成集聚抱团的"结盟风"日益兴起。国内从 2009 年开始，以长安、一汽、东风等国有企业为主导，相继成立了"电动汽车产业联盟 TOP10"以及"央企电动车产业联盟"②，主要任务就是整合央企资源，建立推动电动车产业整体发展的开放技术平台，统一技术标准，共同研发新模式，共享技术成果。目前，电动车"国家队"中，除一汽、东风、长安这样的整车生产企业之外，还有非汽车类资源，如中海油、中石油、中石化、国电、南方电网等能源企业及以地产为主的保利集团等。这些企业被分为整车及电驱动、电池、充电与服务三个专业委员会，涵盖了电动车生产链的上下游各个环节，涉及范围更多、更广，力图实现我国新能源发展"1 + 1 > 2"的目标③。

---

① 初期以混合动力、燃气汽车、纯电动汽车为重点，逐步发展燃料电池汽车、氢内燃机汽车。

② 欧美、日本等国家和地区的新能源汽车联盟多由利益集团组成，而国内则多由政府主导，各大车企建立新能源汽车的统一标准和发展平台。

③ 2009 年 6 月，重庆节能与新能源汽车产业联盟在重庆市东部新城鱼嘴工业园成立，这是国内成立的第二家新能源汽车产业联盟，在我国西部尚属首例。由长安汽车领衔的此新能源产业联盟有两个特点：一是产学研相结合，既有制造业，又有研发机构；二是整零结合，既有整车企业，又有零部件企业。整车企业里不仅有长安汽车的混合动力，还有重庆恒通公司的纯电动客车等一系列产品。作为领衔该联盟成立的长安汽车，除了已经掌握的弱混和中混核心技术并在国内率先实现了混合动力汽车的产业化外，还突破了重度混合关键核心技术，同时，在纯电动及氢燃料动力方面更是取得了突破性成果，其在新能源领域不断取得领先地位。

五、成立了专业化的新能源汽车公司

为了更好地推动新能源汽车，长安汽车公司于 2008 年 6 月专门成立了重庆长安新能源汽车公司。该公司目前是国家"十千工程"重庆市混合动力汽车大规模示范运行牵头实施单位，整合资源共建新能源汽车产业的"重庆新能源汽车节能与新能源汽车产业联盟"的牵头单位。公司以纯电动、混合动力及燃料电池等节能与新能源汽车核心技术研发和系统集成设计以及打造核心总成制造、采购、营销服务等基地为主，主要开展了弱度、中度、重度混合动力，纯电动，可插入及燃料电池等新能源汽车的研发工作。目前已具备独立研发和制造具有自主知识产权的混合动力汽车。公司已建立了一支包括归国专家、高级人才在内的 200 多人的混合动力系统研发专业团队，培养了一支高学历、高素质、高能力的新能源汽车研发核心人才队伍。公司将坚持多元化、多技术融合，已在新能源整车领域进行了 8 款整车项目的开发，累计投入研发费用近 4 亿元人民币。

随着新能源汽车技术的逐步成熟和产业化的深入发展，我国汽车产业的政策将向优化汽车产业结构趋势发展，优先发展节能和新能源汽车，对传统汽车则"立足优化结构、节约资源、重视环保、提高技术经济水平"。未来一个时期，新能源汽车在中国汽车市场中的比重将逐步增加。长安汽车在外部环境压力、需求拉力和企业现有技术实力三方共同作用下（见图 3 - 3），应以环境创新为战略核心，按照混合动力、纯电动、燃料电池等多技术路线发展模式，大力推进混合动力产品市场化、纯电动产品技术产业化，力争成为国内领先、国际一流的新能源汽车研发、生产企业。按照"十年三步走"的发展战略，到 2012 年，长安将在新能源汽车上重点投资 10 亿元，全力提升纯电驱动汽车研发和产业化能力。到 2020 年，形成年产 20 万辆节能与新能源汽车整车、关键零部件 50 万套的能力，实现企业可持续发展。

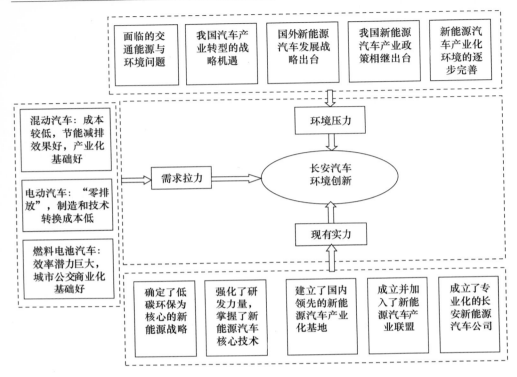

图 3 - 3　长安汽车环境创新的动力

第六节　结论与建议

环境创新体现了环境因素对技术创新的约束作用，而技术创新可以看作环境创新的一个重要组成部分。环境创新与产业可持续发展有着直接而密切的关系，其不只是影响产业的市场需求，而且越来越成为技术创新的重要影响因素，甚至会成为企业竞争力的制约因素。企业在技术推力、需求引力和环境要求三方共同作用下，需要通过环境创新来达到经济、生态、社会效益相协调的可持续发展。

如今，能源不仅在中国，在世界范围都已成为不容忽视的问题，能源消耗集中的汽车产业也面临严峻考验。许多有责任感的企业都在积极探索新技术、新能源，孕育重大技术革命。各国政府相继推出了鼓励和支持政策。作为我国四大汽车企业之一的长安汽车对新能源问题尤为看重，是其"绿色、科技、责任"理念下的重要工作之一。长安汽车引领汽车文明，倡导汽车产业绿色发展，从传统汽车节能、混合动力技术应用，最终实现完全新能源（纯电动、太阳能）汽车的可持续发展成果。为此，在大力推广新能源汽车的"G-Living 战略"下，未来将投入100亿元用于科技创新，加速推进新能源汽车的发展，以形成不同档次、不同用途、搭载不同动力系统的产品集群，到2020年，长安汽车600万辆产销目标中，新能源汽车将占到30%，实现以低碳环保为核心发展方向的低碳产品集群的形式，而这也是长安汽车在面临外部环境压力、新能源开发前景和企业环境创新的现有实力时做出的必然选择。

为了进一步推进我国新能源汽车的技术和产业化发展，现提出几点建议，如表3-6所示。

表3-6　推进我国新能源汽车技术和产业化发展建议

角度	核心	具体
国家层面	坚定并加大对新能源汽车的培育力度	新能源汽车作为新生事物，其成长、发展、壮大需要政府、企业、社会各个层面给予大力呵护和培养。国家应坚定新能源汽车战略，不能动摇，不能犹豫，快速行动，尽快启动"十二五"新能源汽车国家科技重大创新工程，并纳入国家重大专项
政府角度	统筹考虑选择支持几个重点自主创新的新能源汽车企业	当前，新能源汽车发展风险大、不确定性大，仅依靠企业、行业的力量远远不够。政府应发挥好政策引导和资金支持作用，继续加大对新能源汽车的投入。重点培育2~3个有代表、有实力、真抓实干的新能源汽车龙头企业。充分发挥好官、产、学、研、用联合平台的作用，选择投入大、技术难度大的关键技术，整合优势力量进行集中攻关，搭建公用技术平台。对有产业化基础的整车、关键零部件企业重点支持，如电池领域、电机驱动领域等。加快新能源汽车的推广力度。为保证新能源汽车示范运行相关政策的延续性，尽快出台新能源汽车示范运行的后续支持、补贴政策，同时，针对自主品牌新能源汽车，加大补贴范围和补贴力度，特别是开放对个人用户的补贴

第七节　本章小结

环境创新体现了环境因素对技术创新的约束作用。在技术推力、需求引力和环境要求三方共同作用下，企业需要通过环境创新来达到经济、生态、社会效益相协调的可持续发展。本章通过对长安汽车公司的案例研究发现，当前的汽车产业劲刮"绿色风、环保风"，长安汽车公司在面临外部环境压力、新能源汽车前景和现有环境创新实力时，将"绿色、科技、责任"理念作为其重要战略，高度重视新能源问题，力图通过传统汽车节能、混合动力技术应用，到最终实现完全新能源（纯电动、太阳能）汽车的创新路径实现可持续发展，其所力推的"G－Living 战略"正集中体现了这一点。为了践行这一战略，需要有国家、政府、技术、推广等方面的保障措施。

进一步地，居于环境技术创新主体地位的企业，在面临技术推力、需求引力和环保要求的三方作用之下，应该表现出怎样的创新行为，这是我们接下来要关心的问题。因此，在后续第四章与第五章，我们就来分别研究企业环境技术创新的决策行为及环境技术创新在企业之间的竞争扩散。

第四章　企业环境技术创新
决策模型研究

　　通过第二章的文献综述和第三章的实例分析，我们掌握了企业进行环境技术创新的动力要素及其具体体现。企业在面临着开展环境技术创新的要求时，需要相应地做出一些反应，这个反应就表现在企业的相关行为上。根据熊彼特[17]的创新理论，技术变革（Technology Change）过程主要可以分为三个阶段：发明（Invention）、创新（Innovation）和扩散（Diffusion），其中，后两个阶段是创新（Technology Innovation）最重要的方面。为此，本书在第四章和第五章就分别研究环境技术的创新与扩散。

　　企业开展技术创新的方式主要分为自主创新和模仿创新两种[170]，但究竟选择哪种方式需要从企业的创新能力、创新成本等多方面分析[171]。企业是各种资源的集合，企业的任何活动都要消耗资源，如果创新活动得不到足够的资源支持，其成功实施就会受到致命影响，即企业资源对企业的创新行为具有重要作用[172]，是企业建立和保持竞争优势的重要构成[173]。同时，资源并不会通畅地流向创新，特别是在企业的主导力量支持正常的业务活动的地方更是如此[174]。所以，有效地解决资源供给问题是环境技术创新活动成功实施的首要问题。

　　现有文献大多从企业创新资源投入的角度，分析企业技术创新方式选择的影响因素及其对企业创新的综合作用[175-181]。在这些研究中，创新资源的显著特点是其来源具有很大的不确定性，技术创新方式的选择受其影响巨大，但对于环境技术创新实践而言，我们更关注的是企业在面临内外部环境约束及多种技术创新方式选择时，应该如何权衡其各自的利弊，从而选择出适合自身发展的技术创新方式。针对此问题，本书立足于当前技术创新模式中广受关注的自主创新模式，从时间维度分析企业在多个时间阶段上的自主创新决策行为问题。

第一节　模型假设

前面提到创新资源的不确定性过大地影响了企业技术创新模式的选择，本书认为企业应该回归到创新模式本身，通过对比分析其优劣，从而做出相应决策。当然，这并不意味着创新资源对企业创新方式选择的影响可以忽略不计，只是努力将其影响在一定程度上加以减弱。

Cyert 和 March（1963）首先提出了冗余资源（Organizational Slack）的概念，认为超出实际需要而保存在组织内部的资源就为冗余资源[182]。Bourgeois（1981）则认为：一种过量的、能够被控制着随意使用的资源就是冗余资源。这也是目前使用得最为广泛的冗余资源定义[183]。Nohria 和 Gulati（1996）则认为在一定产出水平下超过最低必须投入的资源存量就是冗余资源[184]。

随着新兴技术经济的兴起，制度与组织之间的作用日益成为热点[185]，企业面对的外部环境的重要性越发凸显，在所有外部性中，主要就包括了市场、技术与制度，这与第二章中提到的企业环境技术创新的三个动力要素——技术、市场与环保要求是很类似的。制度是人为设置的、影响经济行为主体间相互关系的规则，包括法律法规等正式制度与诸如文化习俗等非正式制度[93]，制度使得人们之间的社会活动具有意义[186]。因此，正式规则、非正式约束和与此相关的执行机制等制度内容对企业的行为会产生激励及制约作用，同时，作为行为主体的企业也需要对制度具有一定的认知，并使其选择和行为依附于特定的社会认知背景。

任何企业都是嵌入在一定的制度环境当中的，其行为都不可避免地会受到制度框架的制约与影响[187]。因此，我们必须在明确制度的重要性的前提下，来分析企业环境技术创新的问题。组织理论认为，冗余资源最重要的价值在于支持人们进行一些新的创新项目，给企业带来良好的收益，而这在资源约束的环境中是非常难得的，其减少了企业内部的限制，减轻了环境变化带来的冲击[182]。因而，在制度因素的制约下，冗余资源为企业的创新活动提供了一条现实的资源供给途径[173,188]，企业的冗余资源对创新显得非常必要[189]。事实上，正常经营的企业内部不同程度地存在着各种类型的冗余资源。冗余为组织的创新和变化提供了资源，有利于企业建立鼓励创新的环境，从而更加利于企业的创新[190]。因此，本书选择将冗余资源作为研究企业创新的资源，这样可以在一定程度上缓解创新资源不确定性的影响。此外，现在已经有部分文献将创新和组织冗余这两个组织理论中非常核心的概念[191]结合起来研究了。

冗余作为一种战略资源，对于企业的未来适应性（Adaptation）和创新具有重要价值，这种作用是通过为企业提供一个思考和获利的时间来表现的[192]。由于组织因素和创新特征会影响产品创新和过程创新的应用[193]，产品创新的成功率相对较高[194]，过程创新因其系统性较强、涉及面较广，容易引起组织混乱，所以成功率相对较低[195]，而财政冗余（Financial Slack）是企业实行创新战略的关键，否则，创新绩效很可能会欠佳[196]。当然了，根据组织冗余与创新之间的倒"U"形关系[184,191]，或者说更广义上的曲线关系（Curvilinear）[69]可知，过多或过少的冗余都不利于创新。冗余培育了更多的实验研究（Experimentation），但是却减少了对创新项目的管理[184,191]。国内有关这方面的研究起步较晚，研究成果相对较少[197－200]。

在现有关于创新和组织冗余的研究中，基本考虑的都是创新资源（包括特定的创新资源，如 R&D 和冗余资源等非特定的创新资源）的投入对企业创新活动的影响。正如前文所提到的在企业的创新活动中，企业真正关注的是创新行为本身的收益率与成功率是否值得企业去冒这个险。当然，不同创新方式的收益率和成功率是不同的，由此也使得企业表现出对各种创新方式的偏好。因此，本书在假设企业的环境技术创新方式只有自主创新和模仿创新两种的前提下，运用随机控制极大值原理[201]，建立了多阶段的企业自主创新决策行为的控制模型，从理论上刻画了企业自主创新与模仿创新之间的变化规律，研究了企业自主创新决策受其模仿创新行为的影响情况。同时，将企业的冗余资源作为其创新资源投入，这是企业开展创新活动的一个必要条件，并用数值仿真试验的方法对此规律加以进一步的分析和总结，为深入认识企业创新及冗余资源配置提供了理论参考。

假设企业的环境技术创新方式分为模仿创新和自主创新两种。该假设主要是针对企业中的某项技术和某类产品而言,其技术创新方式存在着模仿创新和自主创新之争。假设 w 表示企业初始时期的组织冗余资源量,此初始时期指的是企业技术创新方式之争出现的时期。Y 是对应于企业冗余资源 w 的收益,表示企业不采取创新行为时的资产收益,相对于创新行为巨大的不确定性[202],可以将其近似为无风险收益。YR 表示企业模仿创新行为的收益率。实际上,此收益率可以通过参考其他已进行此创新的企业的收益表现得到。同时,我们也一般性地认为模仿创新的收益率低于自主创新的收益率[203],由此,模仿创新的风险也小于自主创新。设 s 是模仿创新行为的成功率。易余胤(2005)假设模仿创新总是成功的,即 $s = 100\%$ [171],但实际上,由于企业自身的技术、人力、管理等多方面原因,模仿创新并非百分之百成功的[204],所以本书假设模仿创新的成功率 $s \in (0, 1]$。此外,企业管理中的任何决策是需要根据实际情况,如制度环境变化等加以调整和变动的。所以,按照时间维度,企业的自主创新行为和模仿创新行为可以分为多个阶段。假设在每个阶段之初,前一个阶段的模仿创新行为的收益率和成功率是已知的,且前一阶段的自主创新决策也是已知的。IC 是企业自主创新行为决策,即在考虑了模仿创新和冗余资源的影响作用后,对自主创新进行投入的决策。

第二节 模型构建

设 t 表示时期,IC_t 表示企业 t 时期的自主创新行为决策,u 是企业自主创新行为的效用函数,p 是效用的折扣系数,且 $0 < p < 1$。企业自主创新的目标是在 t 时期使其行为效用函数最大化,则企业的最优自主创新决策行为可以表示为如下的动态规划问题:

$$\max \left\{ E_0 \sum_{t=0}^{\infty} p^t u(IC_t) \right\}$$

$$s.t.\ w_{t+1} = (1 + YR_t s_t)(w_t + Y_t - IC_t) \tag{4-1}$$

其中,w_t 表示 t 时期初企业的冗余资源,Y_t 表示第 t 时期的冗余资源收益,

YR_t 表示模仿创新行为从第 t 时期到 $t+1$ 时期的收益率。假设在 $t+1$ 时期初 YR_t 是已知的，此时 t 时期的自主创新决策 IC_t 已经做出。

假设收益率 YR_t 是一个服从 Markov 过程的随机变量，其转移法则符合 $prob$ $\{YR_t \leqslant YR_0 \mid YR_{t-1} = YR\} = F(YR_0, YR)$，当需要做出 t 时期决策时，企业已知 w_t，YR_{t-1}，YR_{t-2}，YR_{t-3}，$\cdots$，s_{t-1}，s_{t-2}，s_{t-3}，$\cdots$，其中，s_t 为 t 时期模仿创新行为的成功率，也将其假设为一个 Markov 过程，服从转移法则 $prob\{s_t \leqslant s_0 \mid s_{t-1} = s\} = f(s_0, s)$。

对于给定时期 t，企业在 $t+j$ 时期的自主创新投入为 IC_{t+j}，将其折算为第 t 时期的现值为：$(1 + YR_t s_t)^{-1}(1 + YR_{t+1} s_{t+1})^{-1} \cdots (1 + YR_{t+j-2} s_{t+j-2})^{-1}(1 + YR_{t+j-1} s_{t+j-1})^{-1} IC_{t+j}$。

企业从 t 时期开始的全部自主创新投入现值为：

$$IC_t + \sum_{j=1}^{\infty} \left[\prod_{l=0}^{j-1} \left[1 + YR_{t+l} s_{t+l} \right]^{-1} \right] IC_{t+j} \tag{4-2}$$

同样，从 t 时期开始的企业冗余资源和模仿创新收益的现值之和为：

$$Y_t + \sum_{j=1}^{\infty} \left[\prod_{l=0}^{j-1} \left[1 + YR_{t+l} s_{t+l} \right]^{-1} \right] Y_{t+j} + w_t \tag{4-3}$$

此外，在一般情况下，企业是不会无限制地通过借贷来进行创新的，所以企业自主创新收益之和应大于或等于其冗余资源的现值与模仿创新收益现值之和，即对于 $t \geqslant 0$，存在一个如式（4-4）所示的约束条件：

$$IC_t + E_0 \sum_{j=1}^{\infty} \left[\prod_{l=0}^{j-1} (1 + YR_{t+l} s_{t+l})^{-1} \right] IC_{t+j} \geqslant Y_t + E_0 \sum_{j=1}^{\infty} \left[\prod_{l=0}^{j-1} (1 + YR_{t+l} s_{t+l})^{-1} \right] Y_{t+j} + w_t \tag{4-4}$$

对此动态规划问题，定义其状态变量为 $(w_t, Y_t, YR_{t-1}, s_{t-1})$，控制变量 c_t 为 $(w_t + Y_t - IC_t)$，则 w_t 的转移方程为：

$$w_{t+1} = (1 + YR_t s_t)(w_t + Y_t - IC_t) = (1 + YR_t s_t) c_t \tag{4-5}$$

令 $v(w_t, Y_t, YR_{t-1}, s_{t-1})$ 为前一期的模仿创新收益率为 YR_{t-1}，成功率为 s_{t-1} 时，具有冗余资源 w_t 和资源收益 Y_t 的企业所面对的自主创新的价值函数，则 Bellman 方程为：

$$v(w_t, Y_t, YR_{t-1}, s_{t-1}) = \max \{ u(w_t + Y_t - c_t) + p E_t v(u_t(1 + IR_t s_t), Y_{t+1}, YR_t, s_t) \} \tag{4-6}$$

式（4-6）右端取极大值的一阶必要条件为：

$$-u'(IC_t) = pE_t v_1[u_t(1+IR_t s_t), Y_{t+1}, YR_t, s_t](1+YR_t s_t) \qquad (4-7)$$

其中，v_1 是 v 对第一个分量的偏导数。

由 Berveniste-Scheinkman 公式，可得：

$$v_1(w_t, Y_t, YR_{t-1}, s_{t-1}) = u'(IC_t) \qquad (4-8)$$

将式（4-8）代入式（4-7）中，得到欧拉方程：

$$u'(IC_t) = pE_t u'(IC_{t+1})(1+YR_t s_t) \qquad (4-9)$$

企业自主创新决策行为的一个解即是一个自主创新行为决策函数：

$$IC_t = IC(w_t, Y_t, YR_{t-1}, s_{t-1}) = w_t + Y_t - c_t = w_t + Y_t - h(w_t, Y_t, YR_{t-1}, s_{t-1}) \qquad (4-10)$$

其中，$c_t = h(w_t, Y_t, YR_{t-1}, s_{t-1})$ 为相对应的模仿创新行为决策函数。

此自主创新行为决策函数必须满足欧拉方程式（4-9）与约束条件式（4-4），将其代入欧拉方程，并应用转移方程式（4-5）得式（4-11）：

$$u'[IC(w_t, Y_t, YR_{t-1}, s_{t-1})] = pE_t u'[IC(1+YR_t s_t)][w_t + Y_t - IC(w_t, Y_t, YR_{t-1}, s_{t-1}), Y_{t+1}, YR_t, s_t](1+YR_t s_t) \qquad (4-11)$$

式（4-11）即为关于自主创新行为决策函数 $IC(w_t, Y_t, YR_{t-1}, s_{t-1})$ 的函数方程。

第三节 模型求解

为求解自主创新行为决策函数 $IC(w_t, Y_t, YR_{t-1}, s_{t-1})$ 的函数方程式（4-11），特进一步做如下假设，假设自主创新效用函数 $u(IC) = \ln(IC)$，YR_t、s_t、γ_t 均为独立同分布的随机过程，其中，γ_t 是第 t 时期的冗余资源收益增长率，并且有 $[1+E(YR)E(s)] > E(\gamma) > 0$，其中，$E(YR)$、$E(s)$、$E(\gamma)$ 分别是 YR_t、s_t、γ_t 对所有的 t 的数学期望。根据一阶条件，则有：

$$IC_t^{-1} = pE_t(1+YR_t s_t)IC_{t+1}^{-1} \qquad (4-12)$$

因此有：

$$IC_{t+j} = pE_{t+j-1}(1 + YR_{t+j-1}s_{t+j-1})IC_{t+j-1}$$

$$= pE_{t+j-1}(1 + YR_{t+j-1}s_{t+j-1}) \times pE_{t+j-2}(1 + YR_{t+j-2}s_{t+j-2})IC_{t+j-2}$$

$$= p^{j}\left\{\prod_{l=0}^{j-1}E_{t+l}(1 + YR_{t+l}s_{t+l})\right\}IC_{t} \qquad (4-13)$$

将式（4-13）代入约束条件式（4-4）中，有：

$$IC_{t} + E_{0}\sum_{j=1}^{\infty}\left[\prod_{l=0}^{j-1}[1 + YR_{t+l}s_{t+l}]^{-1}\right]IC_{t+j}$$

$$= IC_{t} + \sum_{j=1}^{\infty}\left[\prod_{l=0}^{j-1}E_{t+l}[1 + YR_{t+l}s_{t+l}]^{-1}\right]IC_{t+j}$$

$$= IC_{t} + \sum_{j=1}^{\infty}\left[\prod_{l=0}^{j-1}E_{t+l}[1 + YR_{t+l}s_{t+l}]^{-1}\right]\left\{p^{j}\left[\prod_{l=0}^{j-1}E_{t+l}(1 + YR_{t+l}s_{t+l})\right]IC_{t}\right\}$$

$$= IC_{t} + \sum_{j=1}^{\infty}p^{j}IC^{t} = \frac{IC_{t}}{1-p} \qquad (4-14)$$

$$Y_{t} + E_{0}\sum_{j=1}^{\infty}\left[\prod_{l=0}^{j-1}[1 + YR_{t+l}s_{t+l}]^{-1}\right]Y_{t+j} + w_{t} = Y_{t} + \sum_{j=1}^{\infty}\left[\prod_{l=0}^{j-1}E_{t+l}[1 + YR_{t+l}s_{t+l}]^{-1}\right]Y_{t+j} + w_{t}$$

$$= Y_{t} + \sum_{j=1}^{\infty}\left[\prod_{l=0}^{j-1}E_{t+l}[1 + YR_{t+l}s_{t+l}]^{-1}\right]\left[\prod_{l=0}^{j-1}E_{t+l}\gamma_{t+l}\right]Y_{t} + w_{t}$$

$$= Y_{t} + \sum_{j=1}^{\infty}\left[\prod_{l=0}^{j-1}[1 + E(YR)E(s)]^{-1}\right]\left[\prod_{l=0}^{j-1}E(\gamma)\right]Y_{t} + w_{t}$$

$$= Y_{t} + \sum_{j=1}^{\infty}[1 + E(YR)E(s)]^{-j}[E(\gamma)^{j}]Y_{t} + w_{t}$$

$$= \frac{Y_{t}}{[1 - E(\gamma)][1 + E(YR)E(s)]^{-1}} + w_{t} \qquad (4-15)$$

由式（4-14）、式（4-15）得出，企业最优自主创新决策行为为：

$$IC_{t} = (1-p)\left[\frac{Y_{t}}{[1 - E(\gamma)][1 + E(YR)E(s)]^{-1}} + w_{t}\right] \qquad (4-16)$$

由此，模型得以求解。

第四节　参数讨论

通过模型构建和求解，我们得到了企业环境技术创新中，最优自主创新行为决策函数式（4－16）。研究发现，企业的自主创新 IC_t 主要与企业的冗余资源收益 Y_t、企业模仿创新行为的收益率 YR_t 以及模仿创新行为的成功率 s_t 有关。接下来，我们就运用 Matlab7.0 进行数值分析试验，讨论 IC_t 随参数 Y_t、YR_t、s_t 变化而变化的趋势。

一、创新决策随冗余资源收益的变化

我们假设在初期企业的冗余资源 $w=800$，其收益 $Y_1=1000$，企业模仿创新行为的收益率 $YR=0.3$，其成功率 $s=0.8$，下面讨论当企业的冗余资源收益 Y_t 分别以 20%、50%、80%、100%、200%、400% 增加时，企业的最优自主创新决策行为 IC_t 的变化趋势。

图 4－1 至图 4－6 为企业的冗余资源收益 Y_t 分别以 20%、50%、80%、100%、200%、400% 的速度增加时，企业的自主创新决策行为 IC_t 及自主创新增长率 IC_{t+1}/IC_t 的变化情况。从图中对比可以发现，企业的冗余资源收益越高时，

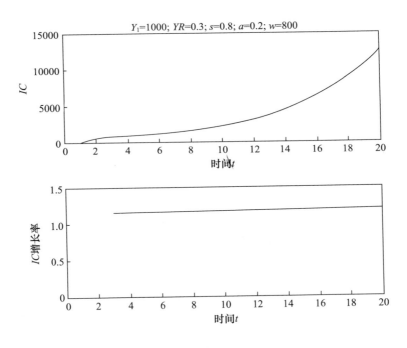

图 4－1　Y_t 的增长率为 20%

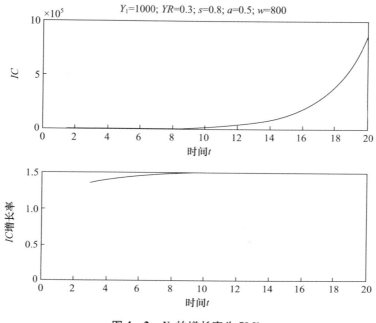

图 4-2 Y_t 的增长率为 50%

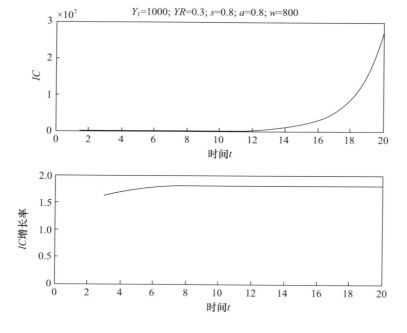

图 4-3 Y_t 的增长率为 80%

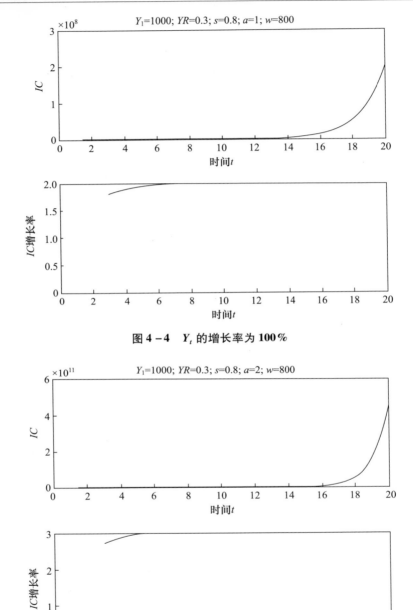

图 4 - 4　Y_t 的增长率为 100%

图 4 - 5　Y_t 的增长率为 200%

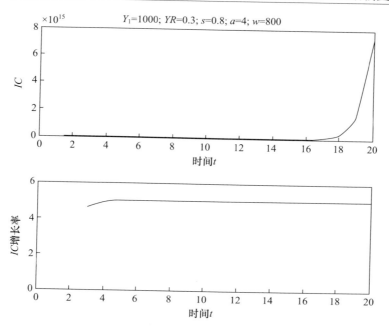

图 4 – 6 　 Y_t 的增长率为 400%

其进行自主创新的时间点越晚，这反映了中小企业中普遍存在的"小富即安"的思想。同时，企业的冗余资源收益越高时，其自主创新行为的增长率也越高，但是对自主创新增长率的稳定性影响不大，这表示企业在拥有稳定增长的经营绩效情况下，其自主创新行为相对比较随机，不够规范。

二、创新决策随模仿创新收益率的变化

类似地，我们假设企业的冗余资源 $w = 800$ ，其收益 $Y = 1000$ ，企业初期模仿创新的收益率 $YR_1 = 0.3$ 、成功率 $s = 0.8$ ，下面讨论当企业的模仿创新的收益率 YR_t 分别以 20% 、50% 、80% 、100% 、200% 、400% 增加时，企业的自主创新决策行为 IC_t 的变化趋势。

图 4 – 7 至图 4 – 12 为企业的模仿创新收益率 YR_t 分别以 20% 、50% 、80% 、100% 、200% 、400% 的速度增加时，企业的自主创新决策行为 IC_t 及其增长率 IC_{t+1}/IC_t 的变化情况。从图中对比可以发现，企业模仿创新的收益率越高时，其

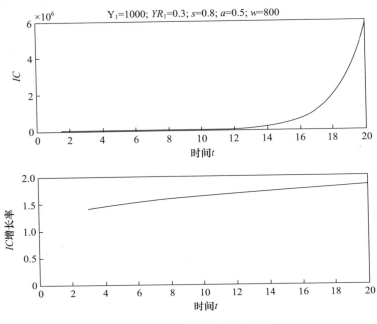

图 4 - 7 　*YR*ₜ 的增长率为 20%

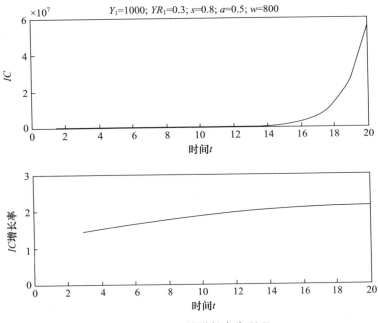

图 4 - 8 　*YR*ₜ 的增长率为 50%

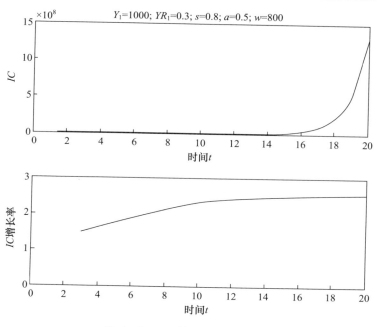

图 4 - 9　*YR_t* 的增长率为 80%

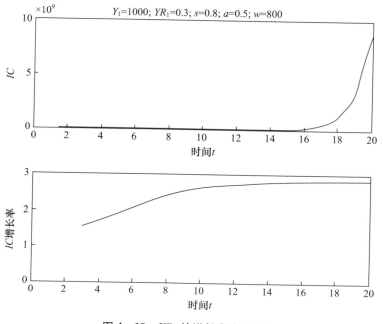

图 4 - 10　*YR_t* 的增长率为 100%

环境技术创新路径的理论与实证研究

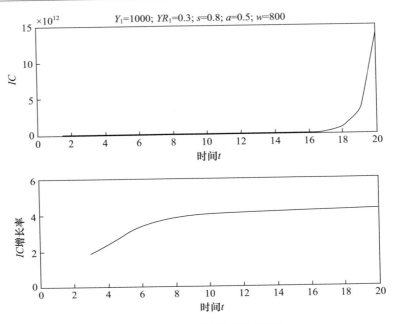

图 4 – 11　YR_t 的增长率为 200%

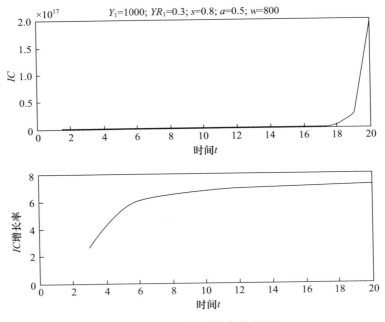

图 4 – 12　YR_t 的增长率为 400%

进行自主创新的时间点越晚，这与前面的分析结果类似。同样地，企业的模仿创新收益率越高时，其自主创新增长率也越高，同时，自主创新的增长率也会越早进入一个稳步增长状态。

三、创新决策随模仿创新行为成功率的变化

我们假设企业的冗余资源 $w = 800$，其收益 $Y = 1000$，企业模仿创新行为的收益率 $YR = 0.3$，下面讨论当企业的模仿创新行为的成功率 s_t 从初期的 0.8 分别以 0%、2%、5%、8% 增加时，企业的自主创新决策行为 IC_t 的变化趋势。

图 4 – 13 至图 4 – 16 为企业的模仿创新行为的成功率 s_t 从初期的 0.8 分别以 0%、2%、5%、8% 增加时，企业的自主创新决策行为 IC_t 及其增长率 IC_{t+1}/IC_t 的变化情况。从图中对比可以发现，企业的模仿创新行为成功率的高低，对自主创新行为及其增长率没有明显影响。

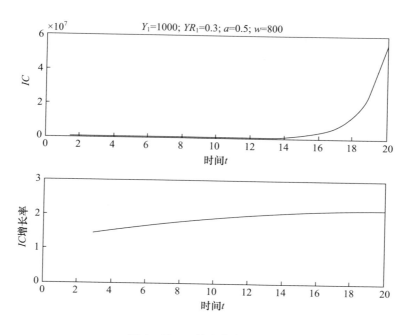

图 4 – 13　s_t 的变化率为 0%

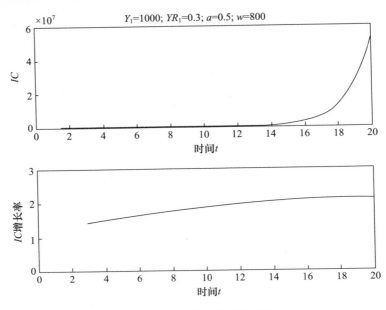

图 4 - 14　s_t 的变化率为 2%

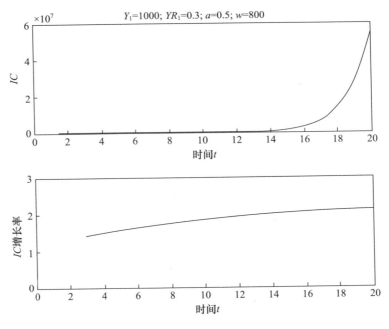

图 4 - 15　s_t 的变化率为 5%

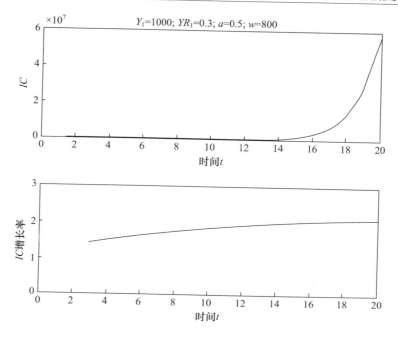

图 4-16　s_t 的变化率为 8%

第五节　本章小结

  本章在明确了制度环境的重要作用的基础上，从冗余资源视角下，基于时间阶段的划分与动态规划模型，重点研究了企业环境技术创新中的自主创新决策行为。在考虑企业模仿创新行为的收益率、成功率、冗余资源的收益随时间的变化对自主创新行为决策影响的基础上，通过对企业模仿创新行为的收益率、成功率、冗余资源的收益与自主创新行为之间关系的刻画，研究了自主创新效用最大化。通过构建与求解动态规划模型，得到了企业自主创新最优行为的解析解。最后，运用 Matlab 进行数值仿真试验，对此解的性态进行定性分析，显示了企业自主创新行为随模仿创新行为的收益率、成功率、冗余资源的收益的变化趋势。研究得到：企业模仿创新行为的收益率和成功率，以及冗余资源的收益对自主创新行为的选择具有显著影响。具体表现在：企业的冗余资源收益越高时，其进行自主创新的时间点越晚，增长率也越高，但是对增长率的稳定性影响不大；企业的模仿创新行为的收益率越高时，其进行自主创新的时间点越晚，增长率也越高，同时，增长率也会越早进入一个稳步增长状态；企业模仿创新行为的成功率的高低，对自主创新及其增长率没有明显影响。在研究完环境技术的创新之后，在第五章我们就着重分析环境技术的扩散问题。

第五章　企业环境技术创新的
竞争扩散模型研究

　　众所周知，创新是企业可持续发展的动力[205]，是企业持续竞争优势和竞争力的来源，而企业的创新是与价值链上各个企业之间的知识与信息的交流联系效果紧密相关的[206-208]。企业创新的能力能够有效形成并逐步提升，不仅与组织自身内部的组成和运行机制紧密相连，更为重要的是还取决于组织之间的结合方式与交互作用[209]，即外部环境的影响也是不可或缺的。环境技术创新的扩散指的是一项新的环境技术通过某种渠道和路径，随着时间推移，被社会系统成员所了解与接受的过程[210]。换言之，创新扩散是技术创新真正产生价值、对社会发展产生促进作用所必须经历的过程。如果没有创新扩散这个转化与推广环节，则非常容易出现科技与经济脱节的问题。

　　学术界对创新扩散问题的研究最早可追溯到 20 世纪上半叶的熊彼特时代，熊彼特在首先提出创新理论的时候，就涉及了扩散中个体之间的"模仿"行为问题[211]。依据自然科学思想所构建起来的宏观数学模型则最早由 Fourt 等（1960）[212]、Mansfield（1961）[213]、Bass（1969）[214]等完成。随着相关数理模型的逐步发展以及计算机技术的长足进步，仿真模型也在创新扩散领域得到了广泛应用。这类模型的代表性成果主要是 Agent 模型[215]、元胞自动机（CA）模型等。但是总体而言，尽管上述较具代表性的模型在创新扩散的研究中起到了非常重要的作用，但是它们却较为普遍地存在一个问题，即模型中所针对的仅是单一创新的扩散情况，缺乏对涉及多种创新之间的竞争扩散的问题的考虑。

　　一般而言，对于一个系统来说，其中存在着诸多的资源要素，而各个资源要素之间的关系是异常丰富的，既有合作关系，也有对立关系，正是资源要素及其之间复杂关系存在于同一体中，即异同并存，才形成了系统。系统中的各种资源经过不断的竞争选择，不断发挥着各自的最大优势[216]。通过这个往复过程，实现了企业的创新，也正是通过这种途径，知识与信息才能够在企业之间获得快速和高效的传播与利用，并提升了企业的创新绩效。

从目前来看，竞争扩散的研究主要有基于生态学基础上的 Lotka - Voltera（L - V）竞争模型，该模型最早是由 Alfred Lotka 提出的，模型研究了在有限的生存空间和资源的情形下，两种相互竞争的生物群体的数量变化情况及其影响因素，模型自提出后，得到了迅速发展与广泛应用。例如，Theodore Modis（1987）通过将 L - V 模型应用到企业管理中，发现 L - V 模型能够很好地应用于企业产品的竞争预测与管理[217]。艾新政和唐小我（1998）以中国通信市场为例，利用 L - V 模型研究了两种产品的竞争与扩散问题[218]。王朋等（2008）则通过对 Bass 模型进行差异性柔化，运用马尔可夫链对顾客期望状态转移概率进行了估计，建立起惯性购买市场中更新换代产品的品牌竞争扩散模型[219]。上述这些研究成果中主要是将模型应用于产品扩散领域，实现对产品扩散情况的预测，较少应用于企业技术创新的扩散。

为此，本书在已有研究基础上，从技术交流与学习的角度，分析创新扩散的内在机理，建立起环境技术创新的竞争扩散的数学模型，并对模型特性，如平衡点、稳定性等问题展开分析。随后，从研究模型所蕴含的经济意义出发，探讨影响创新扩散的因素含义。通过模型研究发现，创新扩散的状态与创新之间的竞争具有重要关系，企业的学习能力对创新扩散的速度存在很大影响。最后，结合实际案例与调研数据，通过数值计算，验证了理论模型的研究结果。

第一节　模型构建

创新实质上是一种知识，从这个意义上而言，创新扩散实质上就是知识的传播与扩散。根据知识的可编码性，常常将知识分为显性知识（Explicit Knowledge）与隐性知识（Tacit Knowledge）。显性知识的特点是具有显著的规范性，可编码性强，基本可以借助书籍和学习、培训等正式交流途径来获取，相比之下，隐性知识则存在较强的不规范性，可编码性差，很难用简单的语言或文字，通过正式渠道、清晰无误地表达出来。隐性知识大多隶属于独立的个人或团队，是独特性和异质性的集中体现，大多只能借助非正式的交流途径进行传播与扩散。创新的关键资源就是这些难以轻易获得的隐性知识[220]。正是因为隐性知识多通过非正式渠道传播和扩散，所以需要创新主体，即各个企业之间在保持正式的合同与契约关系的同时，还要保持一定的深层关系，即社会关系（Social Relations），借助社会关系网（Social Networks），增加交流机会和深度，促进隐性知识的传播与扩散[221]。此外，创新是一个正反馈的过程，一般而言，知识积累越多，创新速度也会越快，而非正式交流能够加快知识的积累速度，增加个体拥有的知识量，从而加快创新的产生。从这个角度而言，创新扩散的内在机理，即是知识，尤其是隐性知识通过正式或非正式的交流，不断地创造、传递和积累。

由此，结合本书研究主旨，我们假设：t 时刻环境技术创新的潜在使用者数量为 $N(t)$，已采用的企业数量为 $X(t)$，自然，未采用的企业数量为 $N(t) - X(t)$。同时，假设企业之间的交流是随机的，即 t 时刻某个未采用新环境技术的企业与已采用新环境技术的企业（知识源）阐释交流联系的概率为 $X(t)/N(t)$。模型是在前面所提到的生态学中种群生存（Lotka - Voltera）竞争模型[222,223]基础上建立的，我们假设两种环境技术创新之间存在完全竞争，即两者之间可以相互完全替代，则它们之间必定存在着极其激烈的"市场份额"竞争。假设两种环境技术创新的采用者数量在 t 时刻分别为 $X(t)$ 和 $Y(t)$，而未采用企业的采用概率分别为 p_X 和 $p_Y (0 \leq p_X + p_Y \leq 1)$，则有：

$$
\begin{cases}
\dfrac{dX(t)}{dt} = p_X [N - X(t) - \alpha Y(t)] \dfrac{X(t)}{N} \\[2mm]
\dfrac{dY(t)}{dt} = p_Y [N - \beta X(t) - Y(t)] \dfrac{Y(t)}{N}
\end{cases}
\tag{5-1}
$$

其中，N 表示潜在的采用企业数量；p_X、p_Y 分别表示采用环境技术创新 X 和 Y 的概率；α、β 分别表示两个环境技术创新之间，对对方扩散的影响因子。由于潜在的采用企业数量是一定的，而两个环境技术创新之间又相互具有完全的替代性，所以它们的扩散会受到彼此相互的作用影响。

第二节　模型分析

由于创新的环境技术经过较长时间后的扩散趋势是我们尤为关注的，因此，通过分析该微分方程模型的平衡点及其稳定性来加以揭示。

一、平衡点分析

通过求解方程组（5-2），可得模型的四个平衡点，分别为 $P_0=(0，0)$、$P_1=(0，N)$、$P_2=(N，0)$ 和 $P_3=(X^*，Y^*)$。

$$\begin{cases} p_X[N-X(t)-\alpha Y(t)]\dfrac{X(t)}{N}=0 \\ p_Y[N-\beta X(t)-Y(t)]\dfrac{Y(t)}{N}=0 \end{cases} \quad (5-2)$$

其中：

$$\begin{cases} X^*=N(1-\alpha)/(1-\alpha\beta) \\ Y^*=N(1-\beta)/(1-\alpha\beta) \end{cases} \quad (5-3)$$

这四个平衡点的位置如图5-1所示。

二、竞争扩散模型平衡点的稳定性分析

从方程组（5-1）的右端可得到：

$$\begin{cases} \dfrac{dX}{dt}=(p_X-\alpha p_X)X \\ \dfrac{d(Y-N)}{dt}=-\beta p_Y X-p_Y(Y-N) \end{cases} \quad (5-4)$$

其右端的系数矩阵的特征根为：

$$\lambda_1=p_X-\alpha p_X，\quad \lambda_2=-p_Y<0 \quad (5-5)$$

当 $\lambda_1=p_X-\alpha p_X<0$，即 $\alpha>1$ 时，点 P_1 稳定，其余的点 P_1 不稳定。同样，当 $\beta>1$ 时，点 P_2 稳定，其余的点 P_2 不稳定。

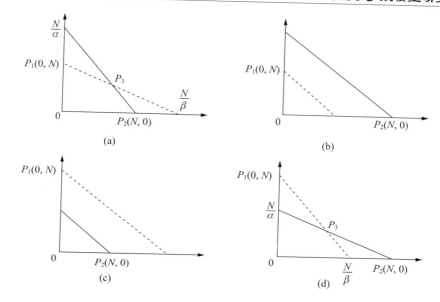

图 5 - 1　竞争扩散模型的平衡点

对平衡点 $P_3 = (X^*, Y^*)$ 而言，方程组（5 - 1）线性化为方程组（5 - 6）：

$$\begin{cases} \dfrac{d(X - X^*)}{dt} = X^*\left[-\dfrac{p_X}{N}(X - X^*) - \dfrac{\alpha p_X}{N}(Y - Y^*) \right] \\[4mm] \dfrac{d(Y - Y^*)}{dt} = Y^*\left[-\dfrac{\beta p_Y}{N}(X - X^*) - \dfrac{p_Y}{N}(Y - Y^*) \right] \end{cases} \qquad (5-6)$$

方程组（5 - 6）右端系数矩阵的特征方程为：

$$\begin{vmatrix} \lambda + \dfrac{p_X}{N}X^* & \dfrac{\alpha p_X}{N}X^* \\[4mm] \dfrac{\beta p_Y}{N}Y^* & \lambda + \dfrac{p_Y}{N}Y^* \end{vmatrix} \qquad (5-7)$$

即：

$$\lambda^2 + \left(\dfrac{p_X}{N}X^* + \dfrac{p_Y}{N}Y^*\right)\lambda + \dfrac{(1 - \alpha\beta)p_X p_Y}{N^2}X^* Y^* = 0 \qquad (5-8)$$

方程（5 - 8）的判别式为：

$$\Delta = \left(\dfrac{p_X}{N}X^* + \dfrac{p_Y}{N}Y^*\right)^2 - 4\dfrac{(1 - \alpha\beta)p_X p_Y}{N^2}X^* Y^* \qquad (5-9)$$

变换得：

$$\Delta = \left(\frac{p_X}{N} X^* - \frac{p_Y}{N} Y^* \right)^2 + 4\alpha\beta \frac{p_X p_Y}{N^2} X^* Y^* > 0 \tag{5-10}$$

方程（5-9）存在两相异特征根 $\lambda_1 < \lambda_2$。

根据韦达定理可知：

$$\begin{cases} \lambda_1 + \lambda_2 = - \left(\frac{p_X}{N} X^* + \frac{p_Y}{N} Y^* \right) \\ \lambda_1 \lambda_2 = \frac{(1 - \alpha\beta)\, p_X p_Y}{N^2} X^* Y^* \end{cases} \tag{5-11}$$

对于图 5-1（a）的情形，成立 $N/\alpha > N$ 和 $N/\beta > N$，从而有 $(1 - \alpha\beta) > 0$，即 $\lambda_1 \lambda_2 > 0$，于是由式（5-10）可知，$\lambda_1 < 0$，$\lambda_2 < 0$，即 P_3 是稳定的。同样，对应于图 5-1（d）的情形，成立 $N/\alpha < N$ 和 $N/\beta > N$，即 $(1 - \alpha\beta) < 0$，由此可以推断 $\lambda_1 < 0 < \lambda_2$，从而此时 P_3 为不稳定平衡点。

三、经济意义解释

（一）影响因子 α 和 β 的作用

通过前面模型构建时的假设可知，α 和 β 分别表示一项环境技术创新对另一项环境技术的扩散所形成的作用影响。由于存在两种可以相互替代的环境技术，所以企业在进行选择时，必然会衡量和评估企业自身现有的资源和能力约束下的接受能力与程度，同时还要考虑两项环境技术创新能够给企业自身带来的收益、成本、风险的变化。在综合考虑了各自的利弊得失之后，企业才会酌情做出选择，决定采用哪项环境技术，从而为自己带来收益与风险两方的均衡。

从平衡点的稳定性分析结果得知，当 $\alpha > 1$ 时，模型存在一个稳定的平衡点 $P_1 = (0, N)$，这表明，由于环境技术 Y 比 X 具备更大优势，能够带给采用者更大的收益，因而，尽管在扩散的初始阶段，采用者未能完全掌握两者之间的差异，但随着时间的推移，采用者对技术的理解与体会也逐步加深，通过后续的二次评估，采用者会逐步挖掘出二者之间的优劣，并相机发生改变，做出调整，转而采用环境技术创新 Y，并放弃环境技术创新 X，久而久之，会出现经过较长一段时间的竞争扩散过程之后，环境技术创新 Y 扩散至全部的潜在采用者，而环境技术创新 X 则在此竞争扩散中被淘汰。类似道理对于 $\beta > 1$ 的情况也同样存在。

此外，从平衡点 $P_3 = (X^*, Y^*)$ 的稳定性分析结果得知，当 $(1 - \alpha\beta) > 0$ 时，平衡点 P_3 是稳定的。这表明，当两项环境技术创新之间的相互影响因子小于 1 时，它们的扩散会趋于稳定的平衡态。在平衡态的时候，两项环境技术创新均拥有其相对固定的采用者群体，在此情况下，二者之间的优劣就不是那么显著，至少目前不会出现"你死我活、二者其一"那么激烈的状态。这个时候，不同的采用者，或者说不同的企业就更加需要结合其自身的资源与能力，合理地在技术采用后对企业绩效及所面临风险的影响做出有效评估。如果采用两项环境技术创新后的绩效与风险相差不大，则企业很可能会沿着原来的技术路线继续发展，而不会因为并不显著的一点进步而贸然采用另外的环境技术，而这在一定程度上反映出了技术发展与选择过程中"路径锁定"规律的存在。换句话说，在这种情况下，企业是"怠于"轻易做出改变的，要改变，更加有效的作用力可能就是来自政府为主导的环境保护的要求，即环境管制，政府通过建立和实施一些具体的环保措施，来迫使企业做出一些改变，哪怕这个改变不够大，但至少也会为后续的变革起个好头，做出昭示。

这一点在前面回顾前人研究成果时也发现了，环境技术创新与一般技术创新不同，政府环境管制常常可以创造出一个拥有环境友好型产品和服务的新市场，一旦其他国家相继采用这些环境技术时，先行国家就获得了出口优势和先机[32]。例如，Jaffe 和 Stavins（2002）在研究美国新住宅建筑中热隔离技术的采用情况时发现，该技术的扩散与能源税和成本补贴存在正相关性，其中，补贴的效果大约三倍于税收的效果。同时，美国各州实际采用的建筑标准高于政府的管制标准，使得建筑标准对技术扩散没有效果[121]。此外，如许可证交易制度、环境报告[146]等环境管理工具和成本节约可能性会促进环境技术的扩散。以 20 世纪 80 年代的美国为例，在使用跨期模型分析其含铅汽油的环保政策对技术扩散效果的影响时发现，列入行政性条款内的技术标准大多需要经过一段较长时期的评估、运行过程，使得技术标准的时滞性明显加剧，不利于新技术的扩散，而各炼油厂之间的许可证配额交易制度对新技术扩散则存在较强激励，明显优于直接的标准控制。环保政策与环境技术之间存在强烈的相互作用，其动态变化过程会影响到环境绩效。从国外的相关研究结果来看，简单、明确的直接管制并不如想象中那样有效，相比之下，充分发挥市场机制的间接管制更加有效。为此，在本书后续章节中将会对此问题展开更进一步的研究。

（二）p_X 和 p_Y 的影响因素

采用者选择环境技术创新 X 和 Y 时的概率 p_X 和 p_Y 并非随机而定的，事实上，这个概率是企业综合考虑了多方面的因素，如技术本身的成本、收益、风险情况，采用者自身的技术学习能力与技术创新能力，采用者当前所处的外部市场环境、社会环境、制度环境等所得到的，具体而言，这些因素可分为如表 5 - 1 所示的三个方面。

表 5 - 1　影响选择概率的因素

因素	具体内容
环境技术创新本身	主要包括创新的盈利性、期望投资回收期以及该创新技术与组织目标的一致性。技术的盈利性是采用者关注的焦点，因为企业的最终目的是追求利润，一项创新技术是否能被采用，取决于其是否能给企业带来额外的收益以及这种收益的大小。这种收益越大，被采用的可能性就越大；创新的期望投资回收期与采用创新的风险有重要联系，一项技术创新所需的投资回收期越短，其被采用的概率越大，而如果其与采用者的组织目标一致性较高，该创新的环境技术就越容易被该组织采用
采用者自身状况	主要包括采用者的技术基础、决策结构和企业规模等。技术基础表现在 R&D 水平和技术评价吸收能力上，能力越强，企业采用创新的环境技术获得成功的概率越大，技术被采用的概率越大。由于采用者所面对的环境以及采用创新的环境技术的不确定性，采用者的决策结构对是否采用有着非常重要的影响[224]（韩菁，1995）。企业规模是企业生产资源的综合反映，也是企业抗风险能力的反映。一般而言，企业的规模越大，采用创新技术的可能性就越大。当然，也不是规模越大就越有利，因为如果企业的组织结构不完善，导致决策过程迟缓，则反而会妨碍创新技术的采用进程。所以，如何提高组织效率也是一个方面
采用者所处环境	主要包括市场结构和政策法规等制度结构。完全竞争市场由于企业面临同样的环境，具有同等的机会，因此更容易感受到竞争者的压力，竞相模仿采用，从而创新扩散就会加快。政府为加强环境保护，对采用创新的环境技术的企业给予积极的支持，为它们提供有利的条件，从而加大了采用者采用创新环境技术的概率，创新的扩散速度也会因此加快

第三节　数值计算

为使理论研究的结果更加具有实用性和应用价值，本节内容将在理论研究基础上，结合我们对成都市家具制造产业的相关调研数据，运用 Matlab7.0 数学软件，将竞争扩散的理论模型应用于企业环境技术创新的实践活动。通过程序运行，得到相应的图示模型结果。借助竞争扩散的计算结果进行释义，以期为未来的创新决策提供支持。

通过我们的调研与访谈所掌握的数据得知，成都家具制造产业中采用创新的环境技术的潜在企业总数从 45 家变化到 160 家，这直观反映出了成都家具制造产业的规模在不断扩大。此处，我们针对成都家具制造产业中的企业对家具制造过程中的两种喷漆工艺——传统喷漆工艺 X 和静电喷涂工艺 Y 的创新的竞争扩散问题进行研究，其中，静电喷涂工艺相对传统喷涂工艺要先进许多，在污染程度、能耗大小、漆面附着力、漆面机械强度与耐磨能力等方面都具有显著优势。

设未采用新技术的企业对两种创新 X、Y 的采用概率 p_X 和 p_Y 分别为 0.4 和 0.5，且两种环境技术中的另一项对该创新扩散的影响因子 α 和 β 分别为 1.2 和 0.9。将这些数值代入理论模型，经过计算，可以得到如图 5-2 所示的企业总数变化过程中的四个平衡点 P_0、P_1、P_2、P_3 的变化轨迹。

由于 $\alpha = 1.2 > 1$，$\beta = 0.9 < 1$，所以成都家具制造产业中的竞争扩散模型随采用创新的潜在企业总数 N 变化时，存在一个相应的稳定平衡点 $P_1 = (0, N)$，这表明，在竞争残酷的家具制造市场环境中，持续一段时间的竞争扩散会使得环境技术 Y 扩散到全体潜在采用者企业中，而环境技术 X 则会在竞争扩散中慢慢减少，直至消失。究其原因，主要在于环境技术 Y，即静电喷漆，相对环境技术 X，即传统喷漆，具有更大优势，环境技术 Y 具有无污染、无毒害、质量优良、附着力及机械强度高，耐磨能力高等众多优点，可以为企业带来更大、更长远的收益。所以，即使刚开始时的早期，为了降低行业进入门槛，降低成本，尽快产生

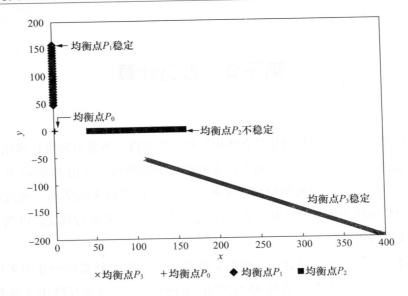

图 5 - 2　四个平衡点的变化轨迹

效益回报，缩短投资周期，企业可能会采用成本较低、工时较少的环境技术 X，但是随着使用环境技术 Y 的企业增加，以及企业的再次评估，会发现，从产品的全生命周期来看，环境技术 Y 其实能比环境技术 X 带来更大收益，进而，企业转而采用环境技术 Y 而放弃环境技术 X，并最终导致环境技术 X 在创新扩散中的失败。类似地，可以对 β 进行相似分析。

此外，由于 $1 - \alpha\beta = 1 - 1.2 \times 0.9 = -0.08 < 0$，所以平衡点 P_3 是不稳定的。这说明，在环境技术 X、Y 的相互影响系数不是均小于 1 的情况下，两种环境技术创新的最终扩散不会趋于一种稳定的平衡态，即不会出现共存的现象，随着科学技术的快速发展，新的喷漆技术与工艺会不断出现在家具制造产业中。对于新进入产业的家具制造企业而言，由于技术、资金、规模等的限制，为了尽快地积累 "第一桶金"，其大多会采用成本较小、技术门槛较低的传统技术进行生产。随着企业的发展壮大，其技术基础、决策结构以及企业规模等都上了一个台阶，这时企业会有更大的可能性去采用更好的技术、工艺，同时，外部的环境因素，如环保要求、政策法规、市场潮流等同时也会影响企业的环境技术创新。这正是理论模型中 P_x、P_y 所代表的含义。从长远时期来看，环境、市场、企业等各方

面的要求都在不断提高，传统技术所具有的短期优势将越来越难以弥补企业在其他方面更大的损失，而其弊端会越发显现，此时的企业就会选择放弃传统技术，转而采用新技术，从而使得企业不断向前发展，最终也将增强整个产业的环境技术创新。

第四节　本章小结

企业之间的相互邻近在增加交流与学习机会的同时，也增加了创新的竞争压力，而这两方面的因素都能在一定程度上促进创新行为的发生。本章从知识与信息的交流、学习角度，构建了环境技术创新在产业内竞争扩散的模型，对这一模型的平衡点及其稳定性进行了探讨，并分析了影响产业内环境技术创新扩散的因素。研究后发现，产业内的创新扩散与创新之间的竞争具有正反馈关系，企业的技术学习能力对环境技术创新扩散的速度具有显著影响。从对参数 α、β、p_X 和 p_Y 的分析能够发现，如果一项环境技术创新要在产业中获得广泛采用，并最终实现取代另一项环境技术创新的目标，那么它必须要在与其他环境技术创新进行竞争的过程中表现出较强的优势。同时，这个优势还要尽量显著，显著到能够在有限的时间内，将全部的潜在采用者与已经采用其他环境技术创新的采用者都吸引过来，最终实现对市场份额的全部占领。当然，这个过程中会有更好的环境技术出现，又会有新一轮的竞争扩散过程开始。

作为技术创新的主体与核心，如果微观层面的企业在环境技术创新上开展了一些行动并取得了一定的成果，则不仅企业自身会有收获，更重要的是对区域的环境技术创新也会产生一定作用，即微观层面发生的企业创新行为会影响到中观层面的区域创新现象。在接下来的第六章和第七章，我们就分别从创新效率高低和创新能力分类两个角度来研究区域创新现象。

第六章　基于中心化效率的中国
环境技术创新效率研究
——以西南地区为例

改革开放以来，我国的经济建设取得了巨大成就，经济总量占世界经济的比重也从 1980 年的 2.59% 上升到 2009 年的 8%，综合国力不断增强，人们生活水平也逐步提高。但同时，经济发展付出了沉痛的环境代价。据环保总局统计，截至 2009 年，因为环境污染造成的经济损失已经占到了 GDP 的 8%～13%，经济增长几乎被环境污染完全抵消。因此，必须要重视环境保护，而加强环境保护，必须依靠科技创新。

结合已有研究和区域视角[43]，按照我国行政划分格局，各省市区在其区域范围内具有对创新资源的绝对支配力，集聚了大量的人力、资金等创新资源，同时也可以产生创新和知识外溢，促进提升所在地区环境技术创新整体水平。按照国务院课题报告《中国（大陆）区域社会经济发展特征分析》（2003 年）中提出的划分中国（大陆）区域的方法，可以把我国分为东北、北部沿海、东部沿海、南部沿海、黄河中游、长江中游、西南和大西北这八大地区[225]，其中，西南地区包括云南、贵州、四川、重庆、广西。由于历史和资源禀赋等原因，人才流失、资金不足等严重制约着西南地区的创新活动和经济发展。因此，充分利用西南地区有限的创新资源，取得更多创新成果至关重要。由此，本书认为，地区内的各省市区对整个地区环境技术创新的拉动主要体现在中心化效率上，这也是环境技术创新效率的核心。应从环境技术创新的中心化效率和投入产出效率两方面测度环境技术创新效率，并将西南地区的云南、贵州、四川、重庆、广西的环境技术创新效率与其他地区进行对比分析，探讨西南地区环境技术创新效率的水平与特点。

第一节 环境技术创新效率的核心：中心化效率

由于环境资源的公共物品性质，消费者不愿为使用环境资源而支付费用。尽管公共物品有助于社会福利，但市场机制却难以激励生产者提供公共物品或准公共物品，因此，政府有必要通过环境政策，对环境技术创新进行干预。环境政策是指那些以保护和改善环境质量为直接目的，由政府环境保护部门制定和执行的法律、规章和政府指令等政策[8]。它既会促进那些用于直接改善环境或对环境有利的技术创新，也会限制那些不利于环境的技术创新。

各省市区在其特定的地区内，作为区域经济的控制和决策中心，其政策对整个地区具有强大的吸引能力、拉动能力和综合服务能力，能够渗透和带动所在地区经济和社会的发展，当前我国政府已将战略重点之一和全民教育的重要方向之一放在了"低碳经济"、"低碳社会"的发展与建设上。因此，西南地区环境技术创新效率直接体现在本区域内，各省市对环境技术创新资源的利用程度、投入产出比例以及其对地区环境技术创新辐射的效率（即中心化效率），则是各省市环境技术创新的效率的核心①。

第二节 环境技术创新效率的测度

一、投入产出效率的测度

本书在对各省市区环境技术创新的投入产出效率进行测度时，主要运用投入

---

① 环境技术创新效率包含两个层次的内容：第一个层次是反映企业、高校、独立科研机构等创新主体投入产出状况及创新资源配置和利用程度的投入产出效率。第二个层次是反映各省（市、区）环境技术创新水平是否达到应有的程度，是否与其拥有的经济和创新资源相匹配的中心化效率。由于第一个层次的内容在任何主体中都可能发生，第二个层次的内容更强调了各地区的网络化特征，及其对创新扩散的影响。所以两个层次中更应偏重于第二个层次。

产出效率比较方法[226]，即：

$$E_i = O_i / I_i \qquad\qquad (6-1)$$

其中：

$$O_i = \lambda_1 O_{i1} + \lambda_2 O_{i2} + \cdots + \lambda_n O_{in} \qquad\qquad (6-2)$$

O_i 为第 i 个地区的环境技术创新产出；O_{ij} 为第 i 个地区的第 j 项产出指标（$j = 1$，2，$\cdots$，n）；λ_i 分别为 i 项产出指标所占的权重。

$$I_i = \delta_1 I_{i1} + \delta_2 I_{i2} + \cdots + \delta_i I_{im} \qquad\qquad (6-3)$$

I_i 为第 i 个地区的环境技术创新的投入；I_{ik} 为第 i 个地区的第 k 项投入指标（$k = 1$，2，$\cdots$，m）；δ_i 表示第 i 项投入指标的权重。

计算权重时，主要使用所有主成分和原变量的相关矩阵来确定原变量权重，即：

$$\lambda_i = w_i / (w_1 + w_2 + \cdots + w_n) \qquad\qquad (6-4)$$

$$w_i = \sum_{j=1}^{n} \alpha_i \times b_{ij} \qquad\qquad (6-5)$$

w_i 是原变量 i 的线性值，α_i 是原变量 i 的主成分方差贡献率，b_{ij} 为原变量 X_i 与主成分 Y_j 之间的相关系数。

从上述模型可知，通过模型计算可以测算出环境技术创新的最终效率，基于投入、产出向量。这些计算结果对于分析各个地区环境技术创新效率的高低及其可能原因提供了重要的依据。同时，从方法性角度来说，这个模型也是在李东梅等（2003）[226]提出的效率模型的基础上进行的改进，主要的变化在于确定原始变量权重时使用了所有主成分和原始变量的相关矩阵。

二、中心化效率的测度

各省市区环境技术创新效率的核心是其中心化效率。中心化效率测度模型的计算方法与投入产出效率测度模型类似。需要指出的是，中心化效率测度模型中的指标均为 [0，1] 区间的比例数据，是无量纲的数据，所以不需要再进行额外的标准化处理了。

第三节　西南地区环境技术创新效率分析

采用区域对比的方法，实证研究了西南地区重庆、四川、云南、贵州、广西五个省（市、区）的环境技术创新效率的水平和特点。

一、比较省（市、区）的选取

由于大西北地区的数据缺失严重，根据客观性、合理性、数据可得性原则，我们选取了其他七个地区共 26 个省（市、区）进行比较、分析。七大地区的省（市、区）分布如表 6 – 1 所示。

表 6 – 1　实证过程中省（市、区）分布情况

序号	省（市、区）	所属地区	序号	省（市、区）	所属地区
1	北京	北部沿海地区	14	湖北	长江中游地区
2	天津	北部沿海地区	15	湖南	长江中游地区
3	山东	北部沿海地区	16	江西	长江中游地区
4	河北	北部沿海地区	17	安徽	长江中游地区
5	上海	东部沿海地区	18	重庆	西南地区
6	浙江	东部沿海地区	19	四川	西南地区
7	江苏	东部沿海地区	20	云南	西南地区
8	广东	南部沿海地区	21	贵州	西南地区
9	海南	南部沿海地区	22	广西	西南地区
10	福建	南部沿海地区	23	陕西	黄河中游地区
11	辽宁	东北地区	24	山西	黄河中游地区
12	黑龙江	东北地区	25	河南	黄河中游地区
13	吉林	东北地区	26	内蒙古	黄河中游地区

二、指标选取和数据来源

在设计指标并选择相应数据时，除了要求有效体现所要研究的问题特征，即指标的合理性，同时，也需要考虑数据来源的可行性，即数据可得性。在兼顾这二者的均衡原则基础上，测度投入产出效率时，选取环境技术创新人员投入和科研经费支出作为投入指标；选取科技成果数、发明专利授权数、环保产业年收入作为产出指标[225]。测度中心化效率时，用其环境技术创新产出占所在区域比例除以投入所占比例。指标选择如表6-2所示。

表6-2　环境技术创新效率评价指标

测度	一级指标	变量	二级指标	变量
投入产出效率 E	投入	I	环境技术创新人员投入（人）	I_1
			环境科研经费支出（万元）	I_2
	产出	O	环境科技成果数（项）	O_1
			环境发明专利授权数（项）	O_2
			环保产业年收入（万元）	O_3
中心化效率 E'	投入	I'	环境技术创新人员占全地区比例	I_1'
			科研经费支出占全地区比例	I_2'
	产出	O'	科技成果占全地区比例	O_1'
			发明专利授权数占全地区比例	O_2'
			环保产业年收入占全地区的比例	O_3'

依据上述指标，我们从《中国科技统计年鉴》、《中国环境统计年鉴》中收集整理了26个省（市、区）2005～2008年数据的平均值①。

三、权重计算

依据式（6-4）、式（6-5），计算得到投入产出效率测度的产出指标权重

---

① 由于原始数据量纲不同，在计算的过程中需要进行标准化处理。我们在此以四川省的投入、产出数据为基准（设其为1），其他省（市、区）的数据的标准值与四川省相比得到。

向量：$(\lambda_1,\lambda_2,\lambda_3)=(0.3874,0.2227,0.3899)$，用同样的方法我们可以计算得到：

投入产出效率测度的投入指标权重向量：$(\delta_1,\delta_2)=(0.4941,0.5059)$

中心化效率测度的产出指标权重向量：$(\lambda_1',\lambda_2',\lambda_3')=(0.5860,0.4344,0.5656)$

中心化效率测度的投入指标权重向量：$(\delta_1',\delta_2')=(0.4939,0.5061)$

四、环境技术创新效率计算

根据式（6-1），计算26个省（市、区）的投入产出效率和中心化效率，结果如表6-3所示。

表 6-3　环境技术创新投入产出效率计算结果

省（市、区）	产出	排名	投入	排名	效率	排名
北京	0.9181	17	61.2762	2	0.0150	26
天津	1.3216	11	22.4960	6	0.0587	22
河北	1.0165	15	3.0307	21	0.3354	3
山东	5.4339	3	32.5128	4	0.1671	12
辽宁	3.2120	5	22.5729	5	0.1423	14
吉林	0.4306	22	2.8353	22	0.1519	13
黑龙江	1.5685	8	8.3849	12	0.1871	9
上海	1.0868	14	14.9735	9	0.0726	19
江苏	10.3575	1	160.6401	1	0.0645	21
浙江	5.5008	2	19.8260	7	0.2775	5
广东	3.9765	4	40.9639	3	0.0971	15
海南	0.1620	26	1.7237	25	0.0940	16
福建	1.5559	9	18.7242	8	0.0831	17
湖北	1.5056	10	6.2269	14	0.2418	7
湖南	0.6915	19	13.3195	10	0.0519	24
江西	0.2264	23	3.2164	20	0.0704	20
安徽	1.9164	7	7.9456	13	0.2412	8
广西	0.4840	21	2.7673	23	0.1749	11

省（市、区）	产出	排名	投入	排名	效率	排名
重庆	1.2605	13	4.5502	18	0.2770	6
四川	1.0000	16	1.0000	26	1.0000	1
贵州	0.1650	25	2.1111	24	0.0782	18
云南	0.8435	18	4.5711	17	0.1845	10
陕西	2.3383	6	4.6187	16	0.5063	2
山西	0.5988	20	10.2053	11	0.0587	23
河南	1.2690	12	4.0752	19	0.3114	4
内蒙古	0.1951	24	4.6745	15	0.0417	25

表6-4　环境技术创新中心化效率计算结果

省（市、区）	产出	排名	投入	排名	效率	排名
北京	0.2027	18	0.3180	8	0.6375	23
天津	0.2429	16	0.1398	20	1.7376	12
河北	0.2414	17	0.0590	25	4.0907	3
山东	0.8990	3	0.4832	4	1.8605	10
辽宁	0.9151	2	0.6573	1	1.3923	16
吉林	0.1410	22	0.1188	22	1.1869	18
黑龙江	0.5299	9	0.2640	12	2.0069	8
上海	0.3223	15	0.0767	24	4.2044	2
江苏	0.8504	4	0.6276	2	1.3550	17
浙江	0.4133	12	0.2958	11	1.3974	15
广东	1.1029	1	0.5623	3	1.9614	9
海南	0.0845	23	0.0585	26	1.4451	14
福建	0.3986	13	0.3792	5	1.0511	20
湖北	0.4851	10	0.2227	15	2.1786	5
湖南	0.1996	19	0.3713	6	0.5374	24
江西	0.0652	25	0.1474	19	0.4422	25
安徽	0.8361	5	0.2586	13	3.2337	4
广西	0.1961	20	0.1348	21	1.4546	13
重庆	0.4295	11	0.2123	16	2.0231	7

续表

省（市、区）	产出	排名	投入	排名	效率	排名
四川	0.5407	8	0.2512	14	2.1523	6
贵州	0.0823	24	0.1031	23	0.7986	21
云南	0.3374	14	0.2986	9	1.1300	19
陕西	0.7321	6	0.1703	18	4.2985	1
山西	0.1924	21	0.2963	10	0.6495	22
河南	0.6017	7	0.3425	7	1.7566	11
内蒙古	0.0598	26	0.1909	17	0.3134	26

表6-3和表6-4分别给出了七大地区26个省（市、区）环境技术创新的投入产出效率和中心化效率。可以看出，西南地区的5个省（市、区）——广西、重庆、四川、贵州和云南在投入产出效率方面的表现差别很大，图6-1给出了西南五省（市、区）与全国平均水平的比较结果。

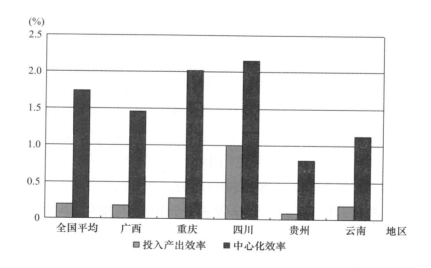

图6-1 西南五省（市、区）与全国平均水平的比较结果

从投入水平看，四川在26个省（市、区）中排名最后一位，但其产出却排在第16位，投入产出效率位列第一，属于典型的低投入、高产出类型。重庆与

云南的投入与产出均排在 26 个省（市、区）的平均水平之下，而效率却分别排在第 6 位和第 10 位，属于比较典型的低投入、中等产出类型。广西与贵州的投入与产出均位列倒数几位，属于典型的低投入、低产出类型，但其效率也存在较明显差异，广西的投入产出效率是贵州的两倍多。依据表 6 - 3 的对比结果，大部分省（市、区），如北京、天津、江苏，在较高水平投入的同时，也呈现出了投入产出效率较低的问题，而部分省（市、区）如河北、广西、吉林，虽然投入水平与产出水平均不高，但是相比之下的创新效率却较高。对于浙江而言，其投入水平很高，并且其投入产出效率也处于前列。这一有趣现象在一定程度上反映出了高投入并不一定会带来高产出，同时，高投入也并非是低产出的必然原因。对比之下可以发现，西南地区的五省（市、区）中，除四川之外的其他省（市、区），其环境技术创新仍然存在诸多不足，需要在重视投入、不断加大投入力度的同时，真正提高创新的效率。四川省无疑已经在这方面做出了榜样。

在环境技术创新的中心化效率方面，西南地区的五省（市、区）都没有明显的优势。相对而言，四川和重庆优势明显，分别排在第 6 位和第 7 位。广西、云南和贵州则分别排在第 13、第 19 位和第 21 位。四川的投入产出效率位列全国第一，而其在西南地区的中心化效率也位居前列，用西南地区仅 1/4（25%）的创新投入就获得了超过一半（54%）的创新产出。这说明，四川不仅较为充分地利用了自身所拥有的创新资源，而且在西南地区范围内，也较好地担当了创新中心的角色。重庆的投入产出效率在全国也排在前列（第 6 位），并且其用西南地区仅 1/5（21%）的创新投入就获得了接近一半（43%）的创新产出，中心化效率也位居前列（第 7 位），仅落后于四川。这说明其在西南地区也较好地充当了创新中心的角色，下一步需要做的就是进一步提高环境技术创新的投入产出效率。广西、云南、贵州的投入产出不仅低于其他地区的多数省份（排名比较靠后，尤其是广西和贵州，更是倒数），而且其在西南地区的中心化水平相比其他地区也处于中下游水平，尤其是贵州，排在了第 21 位。这不仅说明这 3 个省（市、区）的投入产出水平低下，而且对所在地区环境技术创新能力的提高所起的作用也不突出，需要进一步完善环境技术创新体系，以增强其环境技术创新能力，充分带动所在地区环境技术创新水平的提高。

五、投入、产出、效率的相关性分析

从表6-5的环境技术创新投入、产出、效率的相关矩阵计算结果可知，环境技术创新投入与产出之间的相关系数是0.821，较高，这表明创新投入和产出之间联系密切，同时，效率与投入、效率与产出之间的相关系数均大于0。结合表6-3和表6-4的计算结果可知，就西南地区的五省（市、区）而言，四川的环境技术创新效率的特征是低投入、高产出，而广西与贵州则属于典型的低投入、低产出，整体效率偏低，中心化效率方面同样如此。

表6-5　环境技术创新投入、产出、效率的相关矩阵

	O	I	E	O'	I'	E'
O	1.000	0.821	-0.030	—	—	—
I	0.821	1.000	-0.264	—	—	—
E	-0.030	-0.264	1.000	—	—	0.435
O'	—	—	—	1.000	0.735	0.375
I'	—	—	—	0.735	1.000	-0.251
E'	—	—	0.435	0.375	-0.251	1.000

第四节　结论与建议

在与其他六个地区21个省（市、区）的环境技术创新效率的比较过程中可以发现，西南地区的四川、重庆、广西、贵州、云南的环境技术创新效率差异明显，有高有低。四川的投入水平倒数第一，但其产出却位列中等，投入产出效率第一，属于典型的低投入、高产出类型。重庆与云南的投入产出处于平均水平之下，而效率却位于前列，属于比较典型的低投入、中等产出类型。广西与贵州的投入与产出均为倒数几位，属于典型的低投入、低产出类型，效率低下。因此，要提高西南地区省（市、区）的环境技术创新能力，除了要建立由中央环境保

护专项资金、地方政府环境科技投入、企业环保科研项目投入、国外资金投入等构成的研究投入渠道，不断加大环境技术创新投入力度，同时也要建立和完善各级各类环保技术交易市场和环保科技成果推广中心，进一步完善环境技术市场的监测体系，大力推进企业的技术进步，鼓励和支持企业建立自己的技术开发机构，真正形成市场、科研、推广一体化的技术进步机制，加快环境技术的商品化、产业化进程，提升将环保科研成果转化为现实生产力的能力。更重要的是，要充分发挥政府的主导作用，充分发挥市场在科技资源配置中的基础性作用，充分发挥企业在技术创新中的主体作用，充分发挥国家科研机构的骨干和引领作用，充分发挥大学的基础和生力军作用，利用好所在地区的人、财、物等资源，构建完善的环保系统科研体系，进一步形成科技创新的整体合力，在优化配置科技资源的基础上，真正提高环境技术创新的效率，避免高投入、低产出的问题。

此外，从七个地区 26 个省（市、区）的整体来看，北部沿海地区的河北、东北地区的黑龙江、东部沿海地区的上海、南部沿海地区的广东、长江中游地区的安徽、黄河中游地区的陕西这些省（市、区）大多只汇集了本地区内的小部分创新资源，但其中心化效率水平却名列前茅，而西南地区的五省（市、区）在本区域内的投入、产出比重都普遍低于其他六个地区，在环境技术创新的中心化效率方面，五省（市、区）也都没有明显的优势。可见西南地区的环境技术创新水平的提升不仅要继续依赖区域内的四川和重庆两省市，而且有必要迅速提升广西、贵州、云南的环境技术创新能力。

第五节　本章小结

省市的创新辐射主要体现在中心化效率上，这也是环境技术创新效率的核心。本章着重从中心化效率和投入产出效率的角度，测度我国六大地区 26 个省（市、区）的环境技术创新效率，并对比分析了西南地区五省（市、区）环境技术创新效率的水平和特征，据此阐释其创新效率偏低的成因。接下来，我们就要对各区域的 环境技术创新能力进行分类研究。

第七章　基于多元统计方法的中国环境技术创新能力分类研究

第一节　研究设计

前人成果极大地丰富了环境技术创新研究的体系，对环境技术创新能力的研究具有重要的借鉴作用，但总体而言，国外实证研究多关注某个具体产业或某类企业，运用问卷调查获取研究指标和数据，所得结论的针对性很强，但针对中国产业、企业的研究尚不多见。国内学者虽然在近几年意识到了环境技术创新的重要性，但现有研究成果，尤其是实证研究成果仍然极少，缺乏从省市角度量化分析环境技术创新能力问题的研究。按照我国行政划分格局[225]，各省市区在其区域范围内具有对创新资源的绝对支配力，集聚了大量的人力、资金等创新资源，同时，也可以产生创新和知识外溢，促进提升所在地区环境技术创新整体水平。由于历史和资源禀赋等原因，各个省市区的经济发展、创新人才、研发资金、环保意识等方面存在较大的差异，导致了创新能力的不同。因此，对我国各个区域环境技术创新能力进行分类，探讨其特征，对充分利用有限的创新资源，取得更多创新成果至关重要。由此，本书运用多元统计方法，研究我国区域环境技术创新能力的分类与特征。据此提出有关策略，提升各个区域环境技术创新能力，促进我国的可持续发展。

第二节　研究过程

一、变量选择与数据收集

评价指标设计在遵循合理性①、数据可得性等原则基础上，从三方面选取变量指标，如表 7 - 1 所示。

表 7 - 1　变量列表

因素	变量	原标识
区域环境技术创新投入	环境科研课题项目数项（项）	X1
	科技人员中从事环境科技活动的人数比例（%）	X2
	每万人中科学家和工程师人数（人/万人）	X3
	环境保护系统中高级职称人数比例（%）	X4
	环境科研业务费支出（万元）	X5
	环境科研课题经费数占 GDP 比例（%）	X6
	环境保护系统年末机构总数（个）	X7
	环境保护系统年末机构中科研所占比（%）	X8
	高等学校数（所）	X9
	预计毕业生数（人）	X10
	教育经费占 GDP 比例（%）	X11
	R&D 人员全时当量（人/年）	X12
区域环境技术创新产出	环境专利授权数（项）	X13
	环境发明专利授权数（项）	X14
	环境类技术获科学技术奖励数（项）	X15
	颁布地方环境标准数（项）	X16
	环境类图书出版平均定价总额（万元/种）	X17
	"三废"综合利用产品产值占工业总产值比例（%）	X18
	强制性清洁生产审核完成数（个）	X19
	当年完成限期治理项目数（项）	X20
	关停并转迁企业数占全部企业数比例（%）	X21
	已发放排污许可证数（个）	X22

---

① 合理性指所选变量要能够反映区域环境技术创新能力与经济发展、社会进步之间的相互影响、互为条件的特征；能够反映政府、企业、高校等主体在创新中的作用；能够反映区域与外界进行物质、能量和信息的交换（邵云飞，2009）。

续表

因素	变量	原标识
区域环境技术创新关联	环境宣教（篇次）	X23
	人大、政协建议环境类提案（项）	X24
	环境类信访工作来信数（封）	X25
	单位平均缴纳排污费（万元/个）	X26
	环境监测经费（万元）	X27
	环境监测仪器数量（台或套）	X28
	环境法制工作（起）	X29
	环境科技支出占财政支出比例（%）	X30
	高新技术产品出口额占总出口额比例（%）	X31
	技术市场成交额（万元）	X32
	环保产品年销售产值（万元）	X33
	大中型工业企业中有科技机构的企业比例（%）	X34
	R&D经费占主营业务收入比例（%）	X35
	环保产业新产品产值占工业总产值比例（%）	X36
	环保产业新产品销售收入占主营业务收入比例（%）	X37
	大中型工业企业成本费用利润率（%）	X38
	工业污染治理项目建设工业企业数（个）	X39
	工业企业中平均专职环保人员数（人/个）	X40
	职工平均工资（元/人）	X41
	单位地区生产总值能耗（吨标准煤/万元）	X42
	环境污染治理投资总额（亿元）	X43
	医院诊疗人次（人/次）	X44
	每千人口卫生技术人员数（人/千人）	X45
	城乡居民人民币储蓄存款统计（亿元/人）	X46
	突发环境事件数（次）	X47

通过收集《中国环境年鉴》、《中国统计年鉴》、《中国发展报告》、《中国城市统计年鉴》、《中国社会统计年鉴》、《中国新闻出版统计资料汇编》、《中国科技统计年鉴》等资料，得到中国大陆30个地区的相关统计数据（西藏自治区的数据缺失严重，在此省去），根据后文计算需要，对数据进行标准化处理（以北京为基准100换算得出）。

二、变量聚类分析

在对环境技术创新能力实证研究时，要求选取的变量不仅能够反映创新投入、产出方面的能力，并且还要尽量照顾到各个地区智力、经济、创新意识等方面的潜力以及创新能力对所在地区经济发展、社会进步的积极影响[227]。正因如此，就需要考察非常多的变量，而大量变量之间的相关性又很复杂，相互之间的重复叠加，会对最后结果造成显著的影响，因此，必须要缩减表7-1中的变量，找出其具有代表性的变量[227]，结果如表7-2所示。

表7-2　缩减变量后的变量集

因素	变量	原标识	现标识
区域环境技术创新投入	环境保护系统中高级职称人数比例（%）	X4	U1
	环境保护系统年末机构总数（个）	X7	U2
	环境保护系统年末机构中科研所比例（%）	X8	U3
	高等学校数（所）	X9	U4
	预计毕业生数（人）	X10	U5
	教育经费占GDP比例（%）	X11	U6
	R&D人员全时当量（人/年）	X12	U7
区域环境技术创新产出	获科学技术奖励数（项）	X15	U8
	"三废"综合利用产品产值占工业总产值比例（%）	X18	U9
	当年完成限期治理项目数（项）	X20	U10
	关停并转迁企业数占全部企业数比例（%）	X21	U11
区域环境技术创新关联	环境宣教（篇次）	X23	U12
	人大、政协建议提案（项）	X24	U13
	环境监测经费（万元）	X27	U14
	环境监测仪器数量（台或套）	X28	U15
	环境法制工作（起）	X29	U16
	环保产品年销售产值（万元）	X33	U17
	工业污染治理项目建设工业企业数（个）	X39	U18
	工业企业中平均专职环保人员数（人/个）	X40	U19
	环境污染治理投资总额（亿元）	X43	U20
	医院诊疗人次（人/次）	X44	U21
	城乡居民人民币储蓄存款统计（亿元/人）	X46	U22

三、主成分分析

主成分分析的核心思想是将多个彼此相关的原始变量，通过线性组合，用少数几个综合变量来表示，这几个综合变量即是这里所谓的主成分，通过这种处理方法，可以在一定程度上去除多重共线性[227]。通过对表 7 - 2 中所列的 22 个原始变量计算其相关系数，可知这些原始变量之间存在显著的正相关性。需要从中提取出高效反映样本信息并相对独立的主成分。

如表 7 - 3 所示的公因子方差中可知，前三个主成分所对应特征根的累计贡献率已经达到了 81.681%，大于 80% 的衡量标准，由此可以提取出这 3 个主成分，分别用 y1、y2、y3 表示，其最终得分值如表 7 - 4 所示[227,228]。

表 7 - 3　各成分的公因子方差

主成分	协方差矩阵的特征值			因子提取结果		
	各成分的特征值	占总方差的百分比	累计百分比	各成分的特征值	占总方差的百分比	累计百分比
1	15.016	68.257	68.257	15.016	68.257	68.257
2	1.667	7.579	75.836	1.667	7.579	75.836
3	1.286	5.846	81.681	1.286	5.846	81.681
4	0.855	3.885	85.566			
5	…	…	…			

为了明确三个主成分所代表的含义，我们采用方差极大值旋转法进行主成分分析，表 7 - 5 是删除了较低载荷后得到的载荷分析矩阵[227,228]，由此，可以进一步分析三类主成分所代表的含义。

表7-4　各区域主成分得分值

序号	区域	y1	y2	y3	序号	区域	y1	y2	y3
1	北京	-0.29472	-0.14022	-0.0157	16	河南	-0.2157	0.34323	1.30742
2	天津	0.14443	-0.4496	-1.13028	17	湖北	-0.58859	-0.04861	1.12653
3	河北	-1.49241	1.29056	1.32056	18	湖南	-0.6965	-0.11536	1.03595
4	山西	-0.48558	0.85087	0.158	19	广东	2.98609	-1.78058	2.46578
5	内蒙古	-0.03442	-0.16306	-0.64044	20	广西	-0.28801	-0.15685	-0.11285
6	辽宁	0.46301	-0.07626	0.91496	21	海南	-0.49507	-0.51311	-1.27461
7	吉林	-0.62151	-0.0187	-0.22572	22	重庆	0.28683	-0.42116	-1.0992
8	黑龙江	-0.95159	0.0099	0.66199	23	四川	1.23639	-0.43654	-0.07494
9	上海	0.11759	-0.73781	0.01724	24	贵州	-0.68583	-0.36186	-0.48158
10	江苏	1.85218	2.02389	0.3127	25	云南	-0.06168	-0.48663	-0.21475
11	浙江	2.70677	2.0149	-1.90105	26	陕西	-0.04358	-0.51527	-0.14373
12	安徽	-0.53851	-0.67513	0.95968	27	甘肃	-0.44842	-0.47404	-0.56188
13	福建	0.40569	-0.58361	0.07608	28	青海	-0.61482	-0.37785	-1.32079
14	江西	-0.44421	-0.60472	0.50703	29	宁夏	-0.45695	-0.28915	-1.55796
15	山东	-0.70716	3.35232	0.825	30	新疆	-0.03373	-0.45956	-0.93343

表7-5　旋转后的因子提取结果

	主成分1	主成分2	主成分3		主成分1	主成分2	主成分3
U1			0.708	U12	0.723		
U2			0.785	U13	0.803		
U3			0.886	U14	0.805		
U4			0.749	U15	0.793		
U5			0.708	U16	0.646		
U6	0.790			U17	0.625		
U7	0.708			U18	0.814		
U8		0.754		U19		0.747	
U9		0.809		U20		0.805	
U10		0.875		U21	0.741		
U11		0.780		U22	0.865		

（1）在主成分 1 上有较高载荷的评价指标有：教育经费占 GDP 比例，R&D 人员全时当量，环境宣教，人大、政协建议提案，环境监测经费，环境监测仪器数量，环境法制工作，环保产品年销售产值，工业污染治理项目建设工业企业数，各地区医院诊疗人次，城乡居民人民币储蓄存款。主成分 1 主要代表所在区域的经济、社会、文化、法制环境等，具体包括生活条件、经济发展状况、科技创新意识、环境保护意识[227,228]。

（2）在主成分 2 上有较高载荷的评价指标有：获科技技术奖励数、"三废"综合利用产品产值占工业总产值比例、当年完成限期治理项目数、关停并转迁企业数、工业企业中平均专职环保人员数、环境污染治理投资总额。主成分 2 代表区域在环境技术创新的直接产出能力以及环境技术创新的间接成果，如环保带来的收益。

（3）在主成分 3 上有较高载荷的评价指标有：环保系统中总高级职称人数比例、环保系统年末机构总数、环保系统年末机构中科研所比例、高等学校数、预计毕业生数。主成分 3 代表了区域政府、教育系统等中介机构对环境技术创新的支持力度以及在人力、物力方面的潜力和转移能力，如高等学校发展状况、环保行业发展状况。

四、样本聚类

利用表 7-5 所示的主成分结果进行样本聚类分析，可以将我国区域环境技术创新能力划分为五类：第一类：北京、内蒙古、上海、福建、广西、海南、重庆、贵州、云南、陕西、甘肃、青海、宁夏、新疆；第二类：天津、吉林、黑龙江、上海、湖北、湖南；第三类：山西、河北、安徽、江西、山东、河南；第四类：辽宁、广东、四川；第五类：江苏、浙江。可以用判别分析来检验这一分类的合理性[227]。

五、判别分析

（一）Fisher 判别分析

根据分类和表 7-5 中三个主成分变量，可以得到 Fisher 判别函数的系数，如表 7-6 所示[227,228]。

表7-6 Fisher 判别函数系数

主成分 \ 类别	分类				
	第1类	第2类	第3类	第4类	第5类
主成分 y1	-0.670	-0.936	-0.290	2.834	4.432
主成分 y2	-1.462	-1.005	4.442	1.394	6.441
主成分 y3	-1.021	-0.783	2.711	1.667	3.450
常量	-2.127	-2.000	-6.179	-4.144	-12.772

这样，五类区域的 Fisher 判别函数：

$$Z1 = -2.127 - 0.670y1 - 1.462y2 - 1.021y3$$
$$Z2 = -2.000 - 0.936y1 - 1.005y2 - 0.783y3$$
$$Z3 = -6.179 - 0.290y1 + 4.442y2 + 2.711y3 \qquad (7-1)$$
$$Z4 = -4.144 + 2.834y1 + 1.394y2 + 1.667y3$$
$$Z5 = -12.772 + 4.432y1 + 6.441y2 + 3.450y3$$

将表7-5中的主成分值代入函数（7-1），比较其大小，判断被检验的区域所属类别[227,228]。检验结果显示，在第一类区域中，有两个归类错误，北京、上海应归入第二类；第二类区域中有一个归类错误，黑龙江应归入第三类；第三类区域中有一个归类错误，山西应归入第四类。经检验，调整后的分类通过 Fisher 判别。

第一类：内蒙古、福建、广西、海南、重庆、贵州、云南、陕西、甘肃、青海、宁夏、新疆；

第二类：北京、天津、吉林、上海、湖北、湖南；

第三类：河北、黑龙江、安徽、江西、山东、河南；

第四类：山西、辽宁、广东、四川；

第五类：江苏、浙江。

（二）典则判别法则

根据调整后的分类结果及数据，做典则判别分析。表7-7所示的是三个典则判别函数的累计贡献率，发现前两个函数累计贡献率就已经达到了91.6%，因此只使用典则判别函数1和典则判别函数2[227,228]。

表7-7　典则判别函数累计贡献率

函数	特征值	方差的百分比（%）	累计（%）	正则相关性
1	6.970[a]	66.0	66.0	0.935
2	2.708[a]	25.6	91.6	0.855
3	0.888[a]	8.4	100.0	0.686

注：a 为分析中使用了前三个典则判别函数。

表7-8是典则判别函数系数表，据此可以写出前两个典则判别函数的表达式[227,228]：

$$S1 = 0.009y3 + 0.904y2 + 1.014y1$$
$$S2 = 0.711y3 + 0.639y2 - 0.466y1 \qquad (7-2)$$
$$S3 = 0.771y3 - 0.303y2 + 0.216y1$$

表7-8　典则判别系数

	典则判别函数		
	1	2	3
y3	0.009	0.711	0.771
y2	0.904	0.639	-0.303
y1	1.014	-0.466	0.216

根据调整后的分类结果，做出30个地区的环境技术创新能力的区域分布图。

第三节　结果与对策

基于上述计算结果，得到五类区域的分布，其技术创新能力特征、原因、对策分析如下：

一、第一类区域

该区域有内蒙古、福建、海南、广西、重庆、贵州、云南、陕西、甘肃、青海、宁夏、新疆。从地理分布来看，第一类地区除福建、海南外，其余都集中在我国西部地区。这些地区长期以来都是我国经济发展较为落后的地区。但与此同时，工业化水平较低、经济落后的地区往往也是生态环境遭受破坏相对较少的地区。此类地区在经济实力、居民生活质量、平均受教育程度、思想意识等方面都比较落后，直接导致了科研基础设施差、政府投入不足、科技创新成果少、环保产业发展滞后。充分立足自身环境方面的先期优势，加大与环境开发和保护相关联的科技研发，有效运用排污收费、排污交易、环境补贴、排污许可等一系列环境政策工具，避免"污染—治理—再污染"的经济发展困境将是这类地区的优先选择。

二、第二类区域

该区域有北京、天津、吉林、上海、湖北、湖南。从地理分布来看，第二类地区都集中在东部和中部。同时，北京、上海和天津的经济实力雄厚、技术基础雄厚、生活质量较高、环保意识强烈，政府和企业在人力、财力上的投入大，吸引了大量创新人才，创新环境优越。环保产业产值占工业产值比重以及环保产业增加值占工业增加值比重也普遍高于其他地区。这说明该类区域的环境技术创新能力特征是：技术引进与吸收能力均较强，区域内的企业拥有较强的技术实力，人力资本积聚能力强，但其自主创新能力有待提高。在未来发展过程中应加紧提高自主创新能力，充分发挥自身人才优势，提高科研方面的投入产出效率。同时，从网络视角来看，如果将这 30 个地区吸收到全国的环境技术创新网络系统中来，则这些省市应该充当网络中的创新供应节点，通过环境技术创新的传播与扩散，提高科研成果到环境综合效益的转化能力，带动、提升周边地区的环境技术创新能力[227,228]。

三、第三类区域

该区域有河北、黑龙江、安徽、江西、山东、河南。从地理分布来看，第三类地区都集中在我国中部地区，是我国农业产业发展历史悠久的地区，在经济发展水平、人力资源存量、生活质量、平均受教育程度、技术创新意识、环保思想意识等方面都欠发达。随着农业向工业的快速发展，该区域所遭受的环境破坏也越发严重。虽然政府和企业也开始加强对环境保护的重视，加大对研发的支持，重视环保产业和环保产品的发展，但由于地理位置、资源禀赋、经济实力的限制，如何在农业经济基础上，通过加强环境保护方面的科研实力，提升区域环境技术创新能力，进一步发展健康、良好的工业化经济，促进地区的可持续发展，第三类区域要走的路还很长。应该充分利用自身区位优势，加强与周边相邻"富省份"与"强省份"，如广东、北京、上海等在经济发展、技术变革等方面的交流、学习，在大力引进成熟技术的同时，还要加强自己的科技研发能力，优先促进环保产业的发展[227,228]。

四、第四类区域

该区域有山西、辽宁、广东、四川。这几个省是我国工业制造业最为集中和发达的地方。工业作为三大产业中对环境影响最大的产业，所带来的环境破坏不容小视。从指标数据来看，虽然此地区对环境的监测力度（如环境监测经费、环境监测仪器和企业专职环保人员）也高于所有地区的平均水平，但是相较于江浙一带还有差距，同时，在对企业环保的治理力度（如对工业污染治理项目的建设、环境污染治理投资和限期治理项目的完成）方面的差距则更大，环境行政处罚案件相对较多，这也是经济发展水平不如江浙的表现。但即便如此，此类地区的环境法制工作开展得相对不错。此外，此类地区在环保系统建设和环境技术创新方面的表现也较好，但是由于地理位置、资源禀赋、历史沿革等的制约，经济发展水平和公众生活质量还赶不上第五类区域，提升环境技术创新能力的重点之一在于充分利用自身已有基础，加强与经济实力和科技实力强的其他省份的交流，在进一步发展传统制造业的同时，逐步促进环保产业更好的发展[227,228]。

五、第五类区域

该区域有江苏、浙江，此二省分布于我国的东南沿海地区，也是我国市场经济发展最完善的地区。从指标数据来看，其对环境的监测力度（如环境监测经费、环境监测仪器和企业专职环保人员）和对环境的治理力度（如对工业污染治理项目的建设、环境污染治理投资和限期治理项目的完成）也是我国 30 个省（市、区）中最大的。同时，其在环保方面的经济活动表现也是相对优秀的，其"三废"综合利用产品产值和环保产品年销售产值最高。除此之外，其他各项指标相比其他四类地区也都处于较好水平。这体现出了江浙一带地区经济实力雄厚，居民生活质量高，科技创新人才丰富，政府和企业对环境保护十分重视，环境技术创新成果显著。

第四节　本章小结

本章通过收集环境技术创新投入、产出与关联的相关变量和数据，通过聚类分析、因子分析、判别分析等一系列的多元统计分析过程，得到了我国 30 个地区环境技术创新能力的分类情况。研究结果显示：第一类地区主要是包括海南在内的长期以来经济发展较为落后、生态环境遭受破坏相对较少的我国西部地区；第二类地区主要集中在技术引进与吸收能力强、区域内企业实力强、人力资本积聚能力强的东部和中部地区；第三类地区主要集中在我国农业产业发展历史悠久，但随着农业向工业快速发展，所遭受的环境破坏也越发严重的中部地区；第四类地区主要包括辽宁、四川等我国工业制造业最为集中和发达的地区；第五类地区则是我国市场经济发展最完善、环保方面的经济活动表现相对较优的东南沿海地区。本章最后结合各个类别中所有地区的环境技术创新的实际状况与原因，有针对性地提出相应对策，为提升各区域环境技术创新能力提供参考。

通过第六章和第七章的研究，我们掌握了基于微观层面的企业创新行为而表现出来的中观层面的区域创新现象。但是环境技术创新与技术创新最大的一个差别在于环保要求的重要性的差异，对传统的技术创新而言，可能主要是受科技创新政策等制度工具的影响更多，而针对环境保护的制度要求的作用则可能不那么明显。环境技术创新则不同，正因为其创新的对象是环境技术，或环境友好型技术，因此，受到环境保护的制度要求的约束会更加显著。为了着重突出环境保护制度要求对环境技术创新的影响作用，在最后的第八章和第九章，我们用环境政策工具来具体表征环保要求，研究包括环境政策工具在内的多种因素对环境技术创新能力的影响机理。通过这部分研究，我们不仅关注到了环境技术创新的现象，更关注到其现象背后所隐藏的有关机理，从而实现了从环境技术创新现象到环境技术创新机理的研究的升级。

第八章　基于面板数据模型的中国大中型工业企业环境技术创新能力研究

为了实现从环境技术创新现象到环境技术创新机理研究的升华，本章首先利用中国各地区的大中型工业企业为研究对象，针对其环境技术创新能力，探讨国家出台的多种环境政策工具对其到底存在何种影响。本章首先进行实证研究设计；其次通过实证过程中一系列的步骤后，得到相应的实证结果；最后对实证结果进行解释，并提出相应对策建议。

第一节　研究设计

通过第二章的文献综述我们发现，环境政策对创新确实有一定的促进作用，但在产生激励的同时，也存在着阻碍作用。尽管前人就政策因素对环境创新的影响机制进行了一些研究，在一定程度上丰富了创新研究的体系。但综合分析之后发现，现有研究仍存在如下几点不足：首先，当前关于环境技术创新影响因素的实证研究相对于传统的技术创新而言仍然偏少，其主要原因就是难以找到合适的环境创新和环境政策的指标与数据，尤其在企业层面更是如此。其次，现在的国外文献多关注某个具体产业或某类企业，运用问卷调查获取研究指标和数据，所得结论的针对性很强，但其样本多是选择美国、德国等欧美发达国家的企业，对中国情境的研究非常缺乏。同时，国内文献虽然关注到了环境规制或环境政策对技术创新的影响，但现有成果中，多是考虑如排污收费、许可证、环境标准中的哪一个或哪几个政策工具会对企业创新产生最大的刺激作用。普遍缺乏对传统的技术创新的动力因素，如 R&D 投入、人力资本等的影响。并且，现有研究中很多是采用的横截面数据，只能反映某个时间点的影响关系而忽略了时间延续性的作用。

针对这些不足，本章设计运用计量经济学方法，以中国 30 个省（市、区）的大中型工业企业为例，通过建立当期和滞后 1、2、3 期的面板模型，探讨由污染许可证制度、污染限期治理制度、环境影响评估制度、"三同时"制度、环境法制五大环境政策工具组成的环境因素以及传统的非环境因素技术进步、市场结构对我国大中型工业企业环境技术创新的影响。如此可以在一定程度上弥补前面所述的缺乏中国情景研究和缺乏考虑传统因素两个问题，为有效、真实地反映出我国的实际情况，并对比国外经验，提出符合国际主流且具备中国特色的环境政策和技术创新策略奠定基础、提供借鉴①。

由于本章设计运用基于我国各地区的统计数据，实证研究由各种环境政策工具组成的环境政策与环境技术创新的关系，同时，由于影响技术创新的因素很多，所以在此也考虑了技术进步、市场结构和地区特征等因素的影响。为此，研究过程包括：①在现有研究文献基础上选取变量并收集数据；②利用收集的数据构成面板数据，并建立面板模型；③利用 ADF 单位根检验，分析各个变量序列的平稳性；④通过 F 检验和 Hausman 检验，确定面板模型到底是混合模型、个体固定效应模型还是个体随机效应模型；⑤应用确定后的面板模型进行回归分析，分析各个变量之间的相关关系；⑥通过相关关系分析，进一步研究各个变量之间的影响关系，分析其经济意义并提出针对性建议。

---

① 为了提升我国企业在国内外市场上的核心竞争力，越来越多的企业展开了以企业为主体、市场为导向、产学研相结合的技术创新，大大提高了我国企业的技术水平（仲伟俊，2009）。而当前作为我国政府战略重点和全民教育重要方向之一的"低碳经济"、"低碳社会"的发展与建设，不仅强调企业通过提升技术创新能力，提高资源配置效率和投入与产出比例，更重要的是要求从环境保护角度，考虑在以多种环境管理措施为代表的环境政策作用下，加强与环境保护相关的技术的研发创新。这正体现出了政府政策对技术创新的影响。由于地域根植性和资源禀赋的差异，各地区的发展重点和水平均有差异，因此，各地方政府在制定和执行发展策略时，就会在环境保护和经济发展之间产生不同权衡。

第二节　实证过程

一、变量说明与样本选择

本章采用面板数据模型，将各地区大中型工业企业的环境技术创新作为被解释变量，将多种环境政策工具以及技术进步、市场结构作为解释变量，同时，将地区特征作为控制变量，考察解释变量对被解释变量的影响。基于已有研究成果，并结合评价指标设计遵循合理性、数据可得性等原则，得到如表 8 - 1 所示的变量指标。

表 8 - 1　变量指标说明

变量类型	变量名称	变量指标	变量代码
被解释变量	环境技术创新	发明专利申请量	Patent
解释变量	环境政策	排污许可证制度	Permit
		污染限期治理制度	Regulation
		环境影响评估制度	EQVA
		"三同时"制度	Enforcement
		环境法制	Law
	技术进步	R&D 投入强度	R&D
		人力资本存量	Human
	市场结构	技术市场成交额	Market
		产品出口总额	Export
控制变量	地区特征	产业规模	Size

（1）环境技术创新。一般而言，衡量技术创新能力的指标一般用与专利相关的变量[229]，如专利申请量或专利授权量。专利又分为外观设计、实用新颖和发明专利。相对于发明专利而言，外观设计、实用新颖专利技术水平较低，学习

模仿比较容易，所以发明专利申请量最能代表一个地区的创新能力，而且其与实用新型和外观设计具有较强的相关性。同时，受体制影响，我国专利从申请到授权需要较长一段时间，如实用新型专利从申请到授权需时长 1 年左右，发明专利所需时间更长。因为专利授权量的严重滞后性，国内外经济学界通常采用专利申请量而非专利授权量来衡量技术创新能力，参照此做法，我们在此首先选取发明专利申请量这一指标来表征地区环境技术创新能力。

（2）环境政策。环境政策是由各种环境政策工具组成的。我国的环境政策工具主要有"三同时"制度、城市综合评价监测系统、环境影响评估、清洁生产以及主要污染物排放总量控制、环境保护责任制、排污许可证、污染限期治理等。我们在此以"三同时"制度、环境影响评估、环境保护法规、排污许可证制度、污染限期治理五个指标来衡量各地区环保政策情况。"三同时"制度就是为了防止污染，要求申请项目的其他配套设施必须与主体工程同时设计、同时施工、同时投产。环境影响评估是由国家环保局对各地区的环境质量每年进行一次评估，一共有 20 余个指标，覆盖了空气、水、固体废物、噪声、绿化造林等内容。环境法制是赋予各地政府对违反环境保护行为的处罚。排污许可证制度要求一定规模以上的污染源在污染排放时必须具有许可证。污染限期治理是通过采取治理措施，增加治理污染的经济效率。

（3）技术进步。技术进步对技术创新的推动作用有目共睹。本书采用 R&D 投入强度、人力资本存量两个指标来衡量。R&D 投入是技术创新的必备条件之一，而人力资本是技术创新的主力军，是开展科学技术活动的核心力量，也是衡量一个地区科技进步程度和经济增长能力的重要因素。本书拟用人力资本存量来度量。人力资本存量是劳动力数量与人力资本水平的乘积。其中，劳动力数量采用各地区历年从事环境科技的人员数来表示，人力资本水平采用科技人员的平均受教育年限来表示。

（4）市场结构。由于技术创新强调的是科技成果的商业化、产业化过程。判断技术创新成功与否的重要标准是市场的实现程度，即所获得的商业利润、市场份额的多少。所以，市场无疑对技术创新具有巨大的拉动。本书利用技术市场成交额和出口总额两个指标来分别衡量国内市场和国外市场的拉动能力，市场交易额越大，也反映出市场中存在越激烈的竞争[230]。

（5）地区特征。按照熊彼特的假设，产业越大，企业越大，相比于小规模的产业和企业，越有可能创新，因为其拥有更多的创新所必需的资金（Financial）资源、物质（Physical）资源和商业（Commercial）资源[231]。我国各个地区之间的发展差异十分明显，各省市区的产业发展规模也参差不齐，为了控制其对技术创新的影响，我们利用各地区的产业工业总产值这个指标来加以度量。

二、模型建立与数据描述

根据表 8 - 1 所示的变量指标，采用双对数形式，得到式（8 - 1）所示的基本计量方程。其中，采用双对数形式是为了缓解变量的多重共线性和方程的异方差性。

$$Patent_{it} = C_{it} + \beta_1 \ln Permit_{it} + \beta_2 \ln Regulation_{it} + \beta_3 \ln EQVA_{it} + \beta_4 \ln Enforcement_{it}$$
$$+ \beta_5 \ln Law_{it} + \beta_6 \ln R\&D_{it} + \beta_7 \ln Human_{it} + \beta_8 \ln Market_{it}$$
$$+ \beta_9 \ln Export_{it} + a \ln SIZE_{it} + u_{it} \qquad (8-1)$$

此外，通过查询《中国环境年鉴》、《中国统计年鉴》、《中国发展报告》、《中国社会统计年鉴》、《中国新闻出版统计资料汇编》、《中国城市统计年鉴》、《中国国民经济和社会发展统计资料汇编》、《中国科技统计年鉴》以及国家知识产权局（www. sipo. gov. cn）数据等，收集到了我国 30 个省（市、区）2003 ~ 2008 年共 6 年的数据（西藏自治区数据缺失严重，在此省去）。各变量的描述性统计结果如表 8 - 2 所示。

表 8 - 2　各变量的描述性统计结果

变量	均值	标准差	最小值	最大值
发明专利申请量（Petent）	- 1. 375617	1. 538159	- 6. 003887	2. 620185
排污许可证制度（Permit）	3. 301450	3. 320492	- 6. 774224	8. 951440
污染限期治理（Regulation）	- 1. 969741	2. 935750	- 10. 79094	5. 438900
环境影响评估（EQVA）	0. 000779	0. 033764	- 0. 220750	0. 062940
"三同时"制度（Enforcement）	0. 635611	0. 758049	- 2. 704176	3. 259130
环境法制（Law）	- 0. 284027	1. 914836	- 6. 164168	4. 230791
R&D 投入强度（R&D）	- 0. 360316	1. 182654	- 4. 191348	1. 917859
人力资本存量（Human）	- 0. 071564	1. 118492	- 3. 762794	1. 808234
技术市场成交额（Market）	- 3. 431784	1. 606763	- 7. 720741	0. 000000
产品出口总额（Export）	- 1. 469953	1. 611319	- 4. 920973	2. 231357
产业规模（Size）	- 0. 340881	1. 045496	- 2. 892713	1. 715186

三、单位根检验

如果不检验序列的平稳性而直接进行回归分析，很容易由于数据的非平稳性而导致伪回归或虚假回归（Spurious Regression）。所以在进行回归分析前，有必要对数据进行平稳性检验。目前，最常用的检验方法是 ADF 单位根检验，其检验结果如表 8 - 3 所示。

表 8 - 3 单位根检验结果

变量	P 值	检验形式（C，T，K）	结论
发明专利申请量（Patent）	0.0792	（C，0，1）	平稳
排污许可证制度（Permit）	0.0165	（0，0，1）	平稳
污染限期治理（Regulation）	0.0000	（C，T，1）	平稳
环境影响评估（EQVA）	0.0000	（C，T，1）	平稳
"三同时"制度（Enforcement）	0.0000	（C，T，1）	平稳
环境法制（Law）	0.0000	（C，0，1）	平稳
R&D 投入强度（R&D）	0.0252	（0，0，1）	平稳
人力资本存量（Human）	0.0000	（C，T，1）	平稳
技术市场成交额（Market）	0.0052	（C，T，1）	平稳
产品出口总额（Export）	0.0108	（C，T，1）	平稳
产业规模（Size）	0.0225	（0，0，1）	平稳

注：检验形式（C，T，K）中的 C 表示检验时含常数项（C = 0 表示不含常数项），T 表示含趋势项（T = 0 表示不含趋势项），K 表示滞后阶数。

通过单位根检验，得到如表 8 - 3 所示的检验结果。从结果中可以看出，11 个变量序列都是平稳序列，所以可以构造回归模型分析各变量之间的影响关系。

四、模型选择

由于面板数据具有两维性，如果模型设定不正确以及由此造成的参数估计方法不当，将对参数估计结果造成较大的偏差，因此，有必要在采用面板数据构建模型时先对模型的设定形式进行检验。在实证上我们常利用 F 检验，确定是选择混合模型还是固定效应模型，若检验值显著则选用混合模型；反之用固定效应模型。同时，利用 Hausman 检验，确定是选择随机效应还是固定效应模型，若检验值显著，则选用固定效应模型；反之用随机效应模型。检验结果如表 8 - 4 所示。

表 8 - 4　模型设定形式的检验结果

	Effects Test	Statistic	d. f.	Prob.
F Test	Cross - section F	5.041946	(29, 99)	0.0000
	Test Summary	Chi - Sq. Statistic	Chi - Sq. d. f.	Prob.
Hausman Test	Cross - section random	47.041878	10	0.0000

从表 8 - 4 可知，$F = 5.041946 > F_{0.05}$ （29.99） = 4.18，推翻原假设，混合模型与固定效应模型相比较，应该建立固定效应模型。此外，$H = 47.041878 > \chi^2_{0.05}$ （10） = 18.3，则随机效应模型与固定效应模型相比较，应该建立固定效应模型。由此，我们在此采用固定效应的面板数据模型考察环境政策工具对企业技术创新的影响。

五、估计结果

由于创新对政策的反应可能有滞后期，所以我们分别考察各类环境政策工具对环境技术创新当期和滞后 1、2、3 期的影响。我们使用 Eviews 6.0 建立回归方程，对固定效应的面板数据模型进行估计，结果如表 8 - 5 所示。

表 8 - 5　固定效应模型回归结果

被解释变量 解释变量	发明专利申请量 （Patent）					
	当期			滞后 1 期		
	系数估计值	t - 值	P 值	系数估计值	t - 值	P 值
排污许可证制度 （Permit）	- 0.014886	- 1.384713	0.1693	- 0.020955	- 1.959406	0.0527
污染限期治理 （Regulation）	- 0.054876	- 3.014988	0.0033	- 0.046235	- 2.352297	0.0205

续表

被解释变量 解释变量	发明专利申请量（Patent）					
	当期			滞后1期		
	系数估计值	t – 值	P 值	系数估计值	t – 值	P 值
环境影响评估制度（EQVA）	− 1. 310758	− 0. 972080	0. 3334	0. 017486	0. 012513	0. 9900
"三同时"制度（Enforcement）	0. 049834	1. 305486	0. 1948	0. 070712	1. 712289	0. 0898
环境法制（Law）	0. 007441	0. 405817	0. 6858	0. 001755	0. 088719	0. 9295
R&D 投入强度（R&D）	− 0. 504217	− 2. 703113	0. 0081	− 0. 631875	− 3. 581520	0. 0005
人力资本存量（Human）	0. 801640	2. 779792	0. 0065	0. 729374	2. 578098	0. 0113
技术市场成交额（Market）	0. 108455	1. 890168	0. 0617	0. 108272	1. 926851	0. 0567
产品出口总额（Export）	− 0. 298460	− 1. 451106	0. 1499	− 0. 113188	− 0. 585920	0. 5592
R^2	0. 980245			0. 977156		
调整后的 R^2	0. 972264			0. 968370		
回归估计标准误差	0. 251038			0. 269076		
F – 值	122. 8120			111. 2175		
P – 值	0. 000000			0. 000000		
D. W. 统计量	2. 306714			2. 122012		

被解释变量 解释变量	发明专利申请量（Patent）					
	滞后2期			滞后3期		
	系数估计值	t – 值	P 值	系数估计值	t – 值	P 值
排污许可证制度（Permit）	− 0. 046096	− 3. 191545	0. 0021	− 0. 031191	− 1. 631492	0. 1093
污染限期治理（Regulation）	− 0. 081998	− 4. 177391	0. 0001	− 0. 062057	− 2. 758349	0. 0082
环境影响评估制度（EQVA）	0. 640435	0. 321395	0. 7488	1. 248479	0. 609217	0. 5453
"三同时"制度（Enforcement）	0. 022580	0. 474123	0. 6368	0. 068981	1. 123347	0. 2669

续表

被解释变量 解释变量	发明专利申请量（Patent）					
	滞后 2 期			滞后 3 期		
	系数估计值	t - 值	P 值	系数估计值	t - 值	P 值
环境法制（Law）	0.024479	1.066348	0.2896	- 0.056239	- 0.965007	0.3394
R&D 投入强度 （R&D）	- 0.067716	- 0.264370	0.7922	- 0.435767	- 1.047016	0.3003
人力资本存量 （Human）	0.823909	2.325131	0.0227	0.530757	1.089184	0.2815
技术市场成交额 （Market）	0.121581	1.548974	0.1255	0.154700	1.200184	0.2360
产品出口总额 （Export）	- 0.158318	- 0.719863	0.4738	- 0.345533	- 1.302218	0.1991
R^2	0.981776			0.986761		
调整后的 R^2	0.972184			0.975729		
回归估计标准误差	0.256971			0.246247		
F - 值	102.3555			89.44321		
P - 值	0.000000			0.000000		
D. W. 统计量	2.913891			2.868466		

根据表 8 - 5 所述结果，当期和滞后 1、2、3 期回归模型的 R^2 分别为 0.980245、0.977156、0.981776、0.986761，调整后的 R^2 分别为 0.972264、0.968370、0.972184、0.975729，拟合优度很好。这说明本书实证中的各类环境组织措施对技术创新当期和滞后 1、2、3 期的影响具有极强的解释力度。同时，F 值分别为 122.8120、111.2175、102.3555、89.44321，且其对应的概率均为 0.000000，小于 0.01，这说明回归模型整体拟合效果显著，选取的解释变量对被解释变量的解释是有效的。由于模型的观测个数为 30，解释变量个数为 9，水平 $\alpha = 0.05$，查表可知 D. W. 的临界点为 dl = 1.47，du = 2.03，而当期和滞后 1、2、3 期时的 D. W. 分别为 2.306714、2.122012、2.913891、2.868466，均大于 2.03，说明均不存在一阶自相关性。

观察发现，在四个回归模型中，解释变量 EQVA、Law 和 Export 的 t 检验值都较小，且其对应的概率均大于 0.1 的显著性水平，这说明变量 EQVA、Law 和 Export 在四个模型中的解释能力都不强。因此，需要对回归模型做些调整，剔除掉变量 EQVA、Law 和 Export，模型调整后的回归结果如表 8-6 所示。

表 8-6　调整变量后的固定效应模型回归结果

被解释变量　　　　解释变量	发明专利申请量（Patent）					
	当期			滞后 1 期		
	系数估计值	t - 值	P 值	系数估计值	t - 值	P 值
排污许可证制度（Permit）	- 0.014792	- 1.527301	0.1298	- 0.022148	- 2.355099	0.0203
污染限期治理制度（Regulation）	- 0.056865	- 3.322913	0.0012	- 0.048953	- 2.620023	0.0101
"三同时" 制度（Enforcement）	0.055062	1.533733	0.1282	0.070062	1.844309	0.0679
R&D 投入强度（R&D）	- 0.512175	- 2.965816	0.0038	- 0.608004	- 3.770011	0.0003
人力资本存量（Human）	0.890702	3.167465	0.0020	0.752205	2.839981	0.0054
技术市场成交额（Market）	0.115405	2.097495	0.0384	0.110913	2.091502	0.0388
R²	0.979532			0.977033		
调整后的 R²	0.972180			0.969165		
回归估计标准误差	0.250570			0.264812		
F - 值	133.2261			124.1742		
P - 值	0.000000			0.000000		
D. W. 统计量	2.317260			2.116081		
被解释变量　　　　解释变量	发明专利申请量（Patent）					
	滞后 2 期			滞后 3 期		
	系数估计值	t - 值	P 值	系数估计值	t - 值	P 值
C	- 1.078244	- 3.336492	0.0013	- 1.077262	- 1.984476	0.0525
排污许可证制度（Permit）	- 0.047310	- 3.341097	0.0013	- 0.026418	- 1.492244	0.1417

续表

被解释变量 解释变量	发明专利申请量（Patent）					
	滞后 2 期			滞后 3 期		
	系数估计值	t - 值	P 值	系数估计值	t - 值	P 值
污染限期治理制度 （Regulation）	− 0.083534	− 4.396763	0.0000	− 0.070915	− 3.265268	0.0019
"三同时" 制度 （Enforcement）	0.029556	0.637735	0.5255	0.066915	1.092503	0.2796
R&D 投入强度 （R&D）	− 0.042732	− 0.170369	0.8652	− 0.554569	− 1.377484	0.1743
人力资本存量 （Human）	0.870950	2.631615	0.0102	0.929967	2.169127	0.0347
技术市场成交额 （Market）	0.089401	1.323105	0.1896	0.183248	1.473433	0.1467
R^2	0.981390			0.985652		
调整后的 R^2	0.972783			0.975443		
回归估计标准误差	0.253151			0.246330		
F - 值	114.0200			96.54693		
P - 值	0.000000			0.000000		
D. W. 统计量	2.797129			2.834641		

根据表 8 - 6 所述估计结果，分别计算当期和滞后 1、2、3 期的结果显示，R^2 分别为 0.979532、0.977033、0.981390、0.985652，调整后的 R^2 分别为 0.972180、0.969165、0.972783、0.975443，拟合优度很好。这说明，本书实证中的各类环境组织措施对环境技术创新当期和滞后 1、2、3 期的影响具有极强的解释力度。同时，F 值分别为 133.2261、124.1742、114.0200、96.54693，且其对应的概率均为 0.000000，小于 0.01，这说明回归模型整体拟合效果显著，选取的解释变量对被解释变量的解释是有效的。

由于模型的观测个数为 30，解释变量个数为 6，水平 $\alpha = 0.05$，查表可知 D. W. 的临界点为 dl = 1.57，du = 1.92，而当期和滞后 1、2、3 期时的 D. W. 值分别为 2.317260、2.116081、2.797129、2.834641，均大于 1.92，这说明均不存

在一阶自相关性。下面通过观察回归结果，分别讨论各个解释变量系数的拟合显著性。

　　解释变量 Permit 虽然在滞后 1 期和滞后 2 期两个模型中，其 t 检验值均较大，且对应的概率均不大于 0.05 的显著性水平，拟合显著，具有较强的解释力，但其回归系数非常小，说明其对环境技术创新增长存在一定影响，只是影响程度不大，但在当期和滞后 3 期模型中，其 t 检验值变得很小，对应的概率也大于 0.05 的显著性水平，拟合不显著，丧失了解释力。解释变量 Regulation 与解释变量 Permit 所不同的是，其在当期、滞后 1 期、滞后 2 期和滞后 3 期的所有模型中的 t 检验值均较大，对应概率均不大于 0.05 的显著性水平，拟合显著，说明变量 Regulation 对环境技术创新存在着短期和长期的影响。同时，在拟合显著的模型中，其回归系数比解释变量 Permit 大，同样也说明其对环境技术创新的增长存在一定影响，影响程度不大。解释变量 Enforcement 只在滞后 1 期模型中 t 检验值较大，对应的概率均不大于 0.05 的显著性水平，拟合显著；而在其他三个模型中均是 t 检验值变得很小，对应的概率也大于 0.1 的显著性水平，拟合不显著。这说明"三同时"制度对环境技术创新的影响具有延迟性，促进作用要在第二年才会显现出来。同时，与解释变量 Regulation 一样，在拟合显著的模型中，其回归系数也较小，同样也说明其对环境技术创新的增长存在一定影响，影响程度不大。解释变量 R&D 和 Market 在当期和滞后 1 期模型中 t 检验值均较大，对应的概率均不大于 0.05 的显著性水平，拟合显著，而在其他两个模型中均是 t 检验值变得很小，对应的概率也大于 0.1 的显著性水平，拟合不显著。这说明其对环境技术创新的影响具有即时性和短期影响，而无长期影响。同时，R&D 对环境技术创新是负向影响，而 Market 对环境技术创新是正向影响。此外，与解释变量 Regulation 不同，R&D 和 Market 在拟合显著的模型中，其回归系数较大，同样也说明其对环境技术创新的增长有较大影响。解释变量 Human 在四个模型中的 t 检验值均较大，对应的概率均不大于 0.05 的显著性水平，拟合显著。这说明其对技术创新不仅具有短期影响，而且还存在长期影响，具有累积效应。并且其弹性系数为 0.8，是最大的，相应地，对环境技术创新的影响程度也最大。

　　综上所述，可得到如表 8-7 所示的回归结果。所有这些实证结果对于联合研究设计和环境政策工具都非常重要，说明立足于环保的政策不仅需要传统的手段，如提升技术能力，而且也要注意与软的环境政策工具，如环境管理制度相协调。

表8－7　结果汇总

回归模型　　　　　解释变量	发明专利申请量（Patent）			
	当期回归模型	滞后1期回归模型	滞后2期回归模型	滞后3期回归模型
排污许可证制度 （Permit）	不显著 （－0.014792）	显著 （－0.022148）	显著 （－0.047310）	不显著 （－0.026418）
污染限期治理制度 （Regulation）	显著 （－0.056865）	显著 （－0.048953）	显著 （－0.083534）	显著 （－0.070915）
"三同时"制度 （Enforcement）	不显著 （0.055062）	显著 （0.070062）	不显著 （0.029556）	不显著 （0.066915）
R&D投入强度 （R&D）	显著 （－0.512175）	显著 （－0.608004）	不显著 （－0.042732）	不显著 （－0.554569）
人力资本存量 （Human）	显著 （0.890702）	显著 （0.752205）	显著 （0.870950）	显著 （0.929967）
技术市场成交额 （Market）	显著 （0.115405）	显著 （0.110913）	不显著 （0.089401）	不显著 （0.183248）

注：表中括号里的是回归系数估计值。

第三节　结论与建议

通过对我国大陆30个省、自治区、直辖市大中型工业企业6年的面板数据的实证分析，可得到如下主要结论：

一、环境政策工具对环境技术创新能力的影响

本书所研究的我国现有各类环境政策工具对环境技术创新的影响大相径庭。其中，环境法制与环境影响评估对环境技术创新的影响在所有模型中均不显著。排污许可证制度、污染限期治理、"三同时"制度这三个变量的影响都是显著

的，且排污许可证制度、污染限期治理存在负向影响，"三同时"制度存在正向影响。此外，滞后模型的研究说明排污许可证制度等其他四个变量对环境技术创新的影响具有显著的累积效应。

其中，"三同时"制度对环境技术创新的影响要滞后 1 期才显现出来，其弹性系数为 0.07，即"三同时"制度每提高 1%，环境技术创新增加 0.07%。排污许可证制度和污染限期治理的弹性系数分别为 -0.02 (-0.05) 和 -0.05 (-0.08)，即排污许可证制度和污染限期治理每提高 1%，环境技术创新就分别降低 0.02% (0.05%) 和 0.05% (0.08%)。此三个解释变量对环境技术创新的影响力大致相当，差别在于是否体现为积极的作用。

虽然"十五"以来，我国环境政策工作不断完善，并取得了重要进展，先后制定或修订了《清洁生产促进法》、《环境影响评价公众参与办法》等法律法规，但为何我国环保措施对环境技术创新的影响总体而言仍然不足，一言概之是因为我国环境政策工作有些不适应环保工作[3]，集中表现为：经济、技术政策偏少，实用的政策偏少，政策间缺乏协调；现有环境法律法规偏软，可操作性不强，对违法企业的处罚额度过低，环保部门缺乏强制执行权，难以发挥统一监管作用；由于地方干部考核上多侧重经济指标，为了增加本地财政收入，树立"政绩"，片面强调经济发展，忽视环境保护与监管，甚至利用职权，不适当地干预环境执法；执法监督工作薄弱，内部监督制约措施不健全，层级监督不完善，社会监督不落实。通过环境法制这一解释变量对环境技术创新的影响不显著这一实证结果就可窥见一二。

为此，需要进一步制定和完善相关法律法规，适当提高环境保护标准，加大环保部门的强制执法力度，强化环保部门的执法权力，提高环保部门的执法能力。各级环保部门要变"被动"为"主动"，可以联合各个部门严厉打击企业环境违法行为，对拒不执行环保处罚的企业要形成一股强大的执法力量，以促使企业及相关机构加大研发投入，开展环境技术创新，采取积极的应对措施，推行清洁生产，发展生态工业，开展循环经济。环境政策工具对企业的影响不仅反映环境政策本身的质量和有效性，也反映了企业应对环境政策的能力和水平。环境政策不仅会给企业的经济绩效带来一定的不利影响，同时也是企业借以提高经济绩效获得竞争优势的机会。根据实证分析结果发现，目前我国的环境政策工具对企业环境技术创新作用存在正反差别，且在存在的激励影响中，其激励程度也较小，因此通过创新补偿作用而对企业经济绩效产生的积极影响还不够大。为此，可以适当提高中国环境政策强度，进而提高对企业环境技术创新的激励程度，以达到环境绩效和经济绩效同时改进的"双赢"目标。同时，为了缓解环境压力，政府还需要推进以市场为基础的环境政策改革，根据具体情况，借助价格、税收、补贴等多种环境政策工具，激励企业及相关机构重视环保技术的开发与利用，在生产中采用环保的生产技术，在达到控制污染、保护环境目标的同时，最大限度地起到激励环境技术创新的作用。

二、技术进步对环境技术创新能力的影响

本书所研究的技术进步的两大因素——研发投入强度和人力资本存量对环境技术创新的影响也存在不同表现。人力资本存量对环境技术创新存在正向影响，其弹性系数为0.8，即人力资本存量每提高1%，环境技术创新就增加0.8%，并且在滞后3期的时候，其弹性系数增加到0.824，表明其存在累积。这一实证结论说明我国人力资本存量是区域环境技术创新能力的一个显著因素。由于人力资本存量作为区域创新能力的一个显著因素，直接影响到一个国家实施自主创新的能力和潜力，因此，应对其给予更多关注，本书的人力资本存量是用劳动力数量与人力资本水平乘积来衡量的。所以，在扩大劳动力就业规模的同时，还需进一步提高劳动力的文化科技水平。具体措施包括：完善政府、企业、社会多元化人才培养和投入机制，充分发挥教育在科技创新和创业人才培养中的基础作用，大力培养高层次创新人才。同时，也要加强职业教育、继续教育和专业培训，培养一支适应各区域产业特点和企业自主创新需求的实用技术人才队伍；培育和支持创新型的企业家，完善支持企业家创业发展的服务体系，进一步形成崇尚优秀企业家的良好社会氛围，激发企业家的创业创新热情；大力引进自主创新领军型人才和海外留学人员回国创业，尤其突出团队引进、核心人才引进和高新技术项目引进；进一步完善人才政策体系、保障体系和运行体系。

相反地，研发投入强度对环境技术创新却存在负向影响。这说明对我国各区域总体而言，劳动依然是主要的贡献要素，因此，创新模式仍具有粗放的特征，仍属于粗放型发展模式。随着世界竞争的日益加剧和环境保护的日渐重视，环境

技术创新对一国竞争实力的提升起到非常关键的作用，粗放型增长终究是不可持续的。在我国，很多地区拥有大规模的劳动密集型的传统制造业，而大多数劳动密集型行业的研发投入对环境技术创新的影响不明显，其原因是我国的工业企业过于重视经济效益，导致对研发，尤其是环境科技方面的研发不够重视，投入不足，且研发质量有待提高。随着我国 R&D 经费规模的扩大及投入强度的提高，其来源结构也由以政府筹资为主转变为以企业筹资为主。如在 2006 年我国 R&D 投入强度仅为 1.31% 的水平下，R&D 经费来源于企业的部分却高达 66%，相对于我国企业目前的经济实力而言有些偏高，而 R&D 经费来源于政府的部分却有些偏低。在我国企业面临更加激烈的竞争环境和更大的研发风险的情况下，仍需继续加大政府 R&D 投入的力度。

此外，我国各地不少的高技术产业仍处于劳动密集型的制造环节，在全球高技术产业链上位于微笑曲线的低端。为了更好地促进我国自主创新，使经济持续发展，我国高技术产业需要不断加大研发活动经费的投入，以便真正确立以企业为主的研发主体地位，加大研发成果的转化力度，加强科技人才培养，造就高素质科研队伍，才会突破高技术产业自主创新不足的瓶颈，从而推动我国真正走向内涵式的可持续发展道路，最终在全球产业结构中占据制高点。为此，企业不仅要着力于技术研发能力的积累，还要积极地培育良好的人文环境。同时，政府应当发挥社会职能，对高技术产业进行大力扶持，加快其发展速度，提高其科研实力，积极引导各方面资金进入高技术产业的研发领域，提高全社会的技术水平。

三、市场结构对环境技术创新能力的影响

技术市场成交额与产品出口总额所代表的市场结构对环境技术创新影响中，技术市场成交额对环境技术创新存在的是正向影响，并存在明显的累积效应，这表明对未来国内市场需求的预期促进了更多的创新。由于技术市场是联结经济与科技的纽带，其围绕技术转移、转化及产业化，推出了多种形式的转化机构模式，如技术交易所、生产力促进中心、创业服务中心、技术产权交易中心、科技企业孵化器、网上技术市场等新的技术贸易机构，从各个方面为科技创新和成果转化做出了积极的推动作用[232]。为了进一步发挥技术市场对环境技术创新的积极作用，政府要健全技术市场体制，不断完善技术市场的管理体系，维护公平公

正的市场秩序，为企业自主创新建立公平竞争的市场环境[232]。具体而言，要积极引导市场，整顿市场秩序，打击不法的市场行为，营造法规健全的技术市场环境；要加强对知识产权的保护，加大打击侵犯知识产权的力度，提高和保护企业科技开发和创新的积极性；加大对新技术、新工艺专利的申请力度，使整个社会形成保护知识产权的良好环境；要在人、财、物方面集中资源，建立企业技术市场的创新平台；要加强政府及相关部门与企业间的沟通，为企业搭建自主创新的技术信息交流平台，加强技术市场信息传播，为企业提供更多有效的市场科研发展信息和技术市场信息服务[232]。

同时，在四个模型中，产品出口总额对环境技术创新不存在显著影响，这说明，中国国内大部分环境友好型产品仍然针对的是国内市场，而非全球市场。出口贸易对地区的环境技术创新没有产生积极的促进作用，未有效推动地区创新能力的提升。究其原因，虽然改革开放以来，我国的对外贸易无论在数量上还是在规模上，都取得了长足的进步。但不可否认，我国对外贸易总体发展水平还不高，尤其是结构比较落后，高新技术产品少，产品附加值低，产品低端化问题比较突出。目前，中国出口产品总量占世界贸易的 9.7% 左右，但在世界高新技术产品出口的市场份额中，美国占 37%，欧洲占 27%，日本占 18%，韩国也占了 4%，而中国占比不到 3%，高新技术产品的出口少之又少。如我国笔记本电脑的对外出口额高达 600 多亿元，是目前中国出口贸易额最高的一项产品。但遗憾的是，我国出口的笔记本电脑仍属于以加工贸易为主的低附加值产业。这也揭示出我国当前的出口产品仍然多是劳动密集型产品与资本密集型产品，附加值低，环境影响较大，是典型的建立在生产要素禀赋基础之上的比较优势的贸易。我国大部分地区只是把劳动密集型产品中的劳动密集生产环节转变为资本、技术密集型产品中的劳动密集型生产环节，产品的附加值并无明显增加，整体出口商品在国际分工中的地位较低，处于产业链低端。由此造成产品利润率不高，在国际市场的激烈竞争中很容易受到国际汇率等成本因素变动的影响，此外，中国产品在国外也经常遭受各种贸易壁垒，难以创造稳定的出口发展环境，导致了产品出口对我国工业企业的环境技术创新的促进作用不积极。由于产品结构的调整和升级往往是在市场压力下产生的，为此，有必要调整出口产品结构，在重点支持一些高端的或深加工、附加值比较高的环境友好型产业发展的基础上，努力扩大高技术含量、高附加值产品的出口，为企业获得开展环境技术创新的必备资源，并通过增加研发投入，开发新技术和新产品，在国际市场上形成中国产品的技术特色和科技优势，在形成大批拥有自主知识产权的企业后，以更高的技术水准推动更多产品走向国际市场，并最终实现以高科技、低污染为主的资本、技术密集型商品在产品出口份额中的主导地位。

第四节　本章小结

在保持经济快速增长的同时，为减少能源消耗、缓解环境压力，需要进行科技创新，为此，政府出台了一系列环境政策工具。我们以我国 30 个省（市、区）的大中型工业企业为例，通过建立当期和滞后 1、2、3 期的面板模型，探讨了环境政策、技术进步、市场结构对环境技术创新的影响。结果表明，环境政策工具中，环境法制与环境影响评估对环境技术创新不存在显著影响，"三同时"制度存在正向的显著影响，而排污许可证制度、污染限期治理制度存在负向的显著影响，且均存在明显的累积效应。同时，人力资本存量对环境技术创新存在显著的正向影响，且其作用较之其他因素最大。研发投入却存在负向影响，说明劳动依然是我国大中型工业企业的主要贡献要素，发展模式仍属粗放型。此外，技术市场对环境技术创新存在正向影响，并存在累积效应，表明对未来国内市场需求的预期会促进更多的创新。产品出口却不存在显著影响，说明我国大部分环境友好型产品仍然针对的是国内市场，而非全球市场，出口贸易未有效推动各地区工业企业环境创新能力的提升。

第九章　基于动态计量模型的中国汽车产业环境技术创新能力研究

虽然在第八章中我们研究了中国各地区大中型工业环境技术创新能力的影响机理，但是由于各个产业之间所存在的巨大差异，其环境技术创新能力的影响机理势必存在一些不同。为了进一步从以较为笼统的大中型工业企业为研究对象细化到具体产业，我们在第九章选择中国汽车产业为对象，研究其环境技术创新能力的影响机理。

随着我国经济的发展，汽车产业在国民经济中的地位不断提升。据发改委统计数据显示，到 2008 年，汽车产业总产值占 GDP 比重已超过 8%。如果加上对整个上下游行业的带动，汽车产业对国民经济的拉动作用远远超过 10%，汽车产业对经济增长的拉动作用非常明显①。与此同时，我国作为全球制造中心，长期以来过于强调经济增长，以严重污染和破坏环境为代价进行发展，使得我国经济建设付出了沉痛的环境代价，生态环境态势异常复杂[2]。

经估算，我国 2008 年全年能源消费总量达 29 亿吨标准煤，能源消费总量中工业能耗占比达 70% 左右，远高于世界发达国家的平均水平（美国的工业能耗占全国总能耗的比重不到 20%，日本不到 30%），而汽车又是工业能耗大户，我国每年新增石油需求的 2/3 用于交通运输业，汽车产业的迅猛发展使我国的石油战略的压力日渐增加。在过去的 15 年里，我国成为世界石油消费增长最快的国家，而汽车的能耗排在总能耗的前列，由于石油是不可再生资源，未来将面临枯竭的危险，同时，能源价格也在不断上涨，在工业体系中，汽车产业总产值接近

---

① 参见 2009 年出台的《汽车产业调整和振兴规划》。

我国工业总产值的 15%，这在一定程度上影响了全国单位 GDP 能耗的数值。因此，汽车行业的能耗分析与节能技术研究对于全社会的节能减排和环境保护有突出贡献[233]。为此，必须要重视环境保护，而这需要依靠科技创新[3]，不断提高科学技术对环境保护的支撑能力①。

中国汽车产业经过 50 多年的成长，虽然产量、销量排名分别列全球第二和第一，成为世界公认的汽车工业大国，但中国汽车产业的自主创新能力薄弱，并未成为汽车工业强国。随着国家对保护环境、构建和谐社会的重视以及对汽车产业持续、健康发展的要求，政府出台了一系列环境保护的环境政策工具，希望借此促进汽车产业的新技术、新产品如环保型新能源汽车等的发展。基于此，本章针对环境技术创新，探讨国家出台的多种环境政策工具对我国汽车产业的环境技术创新到底存在何种影响②。为此，我们接下来进行实证研究设计，通过实证过程得到相应实证结果，最后，结合我国汽车产业发展现状，对实证结果进行解释，并提出了相应的对策建议。

第一节　研究设计

如前所述，尽管前人就政策因素对环境创新的影响机制进行了一些研究，在一定程度上丰富了创新研究的体系。综合分析之后发现，现有研究仍存在如下

---

① 《关于实施科技规划纲要增强自主创新能力的决定》中把环境保护作为国家科技发展的五个战略重点和 16 个重点专项之一；《关于落实科学发展观加强环境保护的决定》中明确提出要依靠科技创新机制，大力发展环境科学技术，以技术创新促进环境问题解决；《关于增强环境科技创新能力的若干意见》中则进一步明确要通过实施国家环境科技创新工程，使环保工作牢牢建立在全面依靠科技创新和技术进步的基础上。

② 环境技术创新是环境创新（Environmental Innovation）的重要组成部分。环境创新的实质按照 Rennings（2002）的定义是一种系统性的组织创新和技术创新，包括为避免或减少环境损害而产生的新的或改良的工艺、技术、系统和产品等。其本质特征表现为环境友好型。通过环境创新，可以改善企业内外的环境质量，降低社会成本和环境成本，承担起社会责任和生态责任，进而提高经营绩效（Ramus，2000）。由此可知，环境技术创新是指技术创新要向更清洁的生态化转变，带有减少排放污染和资源消耗的目的，也带有提高利润率、改善产品质量等商业目的。常见的清洁生产技术（Cleaner Production Technologies）和末端治理技术（End – of – pipe Technologies）就属于环境技术创新。

几点不足：首先，当前关于环境技术创新影响因素的实证研究相对于传统的技术创新而言仍然偏少，其主要原因就是难以找到合适的环境创新和环境政策的指标与数据，尤其在企业层面更是如此。其次，现在的国外文献多关注某个具体产业或某类企业，运用问卷调查获取研究指标和数据，所得结论的针对性很强，但其样本多是选择美国、德国等欧美发达国家的企业，对中国情境的研究非常缺乏[28]。同时，国内文献虽然关注到了环境规制或环境政策对技术创新的影响，但现有成果中，多是考虑如排污收费、许可证、环境标准中的哪一个或哪几个环境政策工具会对企业创新产生最大的刺激作用，普遍缺乏对传统的技术创新的动力因素，如 R&D 投入、人力资本等的影响。并且，现有研究中很多都是采用的横截面数据，只能反映某个时间点的影响关系而忽略了时间延续性的作用。

如何有效、真实地反映出我国的实际情况，并对比国外经验，提出符合国际主流，并具备中国特色的环境政策和技术创新策略，对于我国的可持续发展非常重要。针对这些不足，本章以我国汽车产业为例，运用计量经济学方法，建立动态计量模型，探讨我国汽车产业中，由环境影响评估制度、"三同时"制度、污染限期治理制度三大环境政策工具组成的环境因素以及传统的非环境因素技术进步、市场结构、产业特征对汽车产业环境技术创新①，即产品和过程创新的影响。如此可以在一定程度上弥补前述缺乏中国情景研究和缺乏考虑传统因素两个问题。为有效、真实地反映出我国的实际情况，并对比国外经验，提出符合国际主流且具备中国特色的发展汽车产业的环境政策和技术创新策略奠定基础、提供借鉴②。

---

① 按照 OECD 的定义，创新分为技术创新（Technical Innovation）和组织创新（Organizational Innovation），而技术创新又可分为过程创新（Process Innovation）和产品创新（Product Innovation）。产品创新是产生新产品或改进产品；过程创新是在同等产出水平下，降低投入。

② 为了提升我国企业在国内外市场上的核心竞争力，越来越多的企业展开了以企业为主体、市场为导向、产学研相结合的技术创新，大大提高了我国企业的技术水平（仲伟俊，2009）。当前作为我国政府战略重点和全民教育重要方向之一的"低碳经济"、"低碳社会"的发展与建设，不仅强调企业通过提升技术创新能力，提高资源配置效率和投入与产出比例，更重要的是要求从环境保护角度，考虑在以多种环境管理措施为代表的环境政策作用下，加强与环境保护相关的技术的研发创新。这正体现出了政府政策对技术创新的影响。由于地域根植性和资源禀赋的差异，各地区的发展重点和水平均有所差异，因此，各地方政府在制定和执行发展策略时，就会在环境保护和经济发展之间产生不同权衡。

由于我们设计运用基于我国汽车产业的统计数据，实证研究由各种环境政策工具组成的环境政策，以及技术进步、市场结构和地区特征等因素对其技术创新的影响。为此，研究过程包括：①在现有研究文献基础上选取变量并收集数据，构成多个变量时间序列。②应用多元回归分析的方法，建立"最优"回归方程，对因变量进行选择与控制。③利用单位根检验，分析各个变量序列的平稳性，研究回归的真伪性。若平稳，则构造的回归模型不是伪回归（Spurious Regression），若非平稳，进行差分，当进行到第 i 次差分时序列平稳，则服从 i 阶单整，如回归方程中的所有变量都是同阶单整，则构造的回归模型也非伪回归，除此之外就是伪回归。④若检验显示所有变量序列均服从同阶单整，则运用 EG 两步法，进行协整检验，判断变量之间是否存在协整关系，即长期均衡关系。⑤如果存在协整关系，则可进行格兰杰（Granger）因果检验，检验变量之间"谁引起，谁变化"。⑥当变量之间存在协整关系时，则可建立误差修正检验（ECM），进一步考察变量之间的短期关系。⑦综合以上实证结果并结合我国汽车产业现象与现状，分析其经济意义，并提出相应政策建议。

第二节　实证过程

一、变量说明与样本选择

本书采用动态计量模型，将表征我国汽车产业环境技术创新的产品创新和过程创新作为因变量，将环境政策中的多种工具，以及技术进步、市场结构、产业特征作为自变量，考察因变量与自变量之间的短期、长期和因果关系。基于已有研究成果，同时，评价指标设计遵循合理性、数据可得性等原则，得到表 9 - 1 所示的变量指标，同时，研究框架如图 9 - 1 所示。

环境技术创新路径的理论与实证研究

表 9 – 1　变量指标说明

变量类型	变量名称	变量指标	变量代码
因变量	产品创新	发明专利申请量	Patent
（环境技术创新）	过程创新	万元产值耗能源总量	Energyconsumption
自变量	环境政策	环境影响评估	EQVA
		"三同时"制度	Enforcement
		污染限期治理	Regulation
	技术进步	R&D 投入强度	R&D
		人力资本存量	Huamn
	市场结构	产品销售利润率	Margin
		出口产品均价	Export
	产业特征	总产值增加值	Size
		企业数	Number

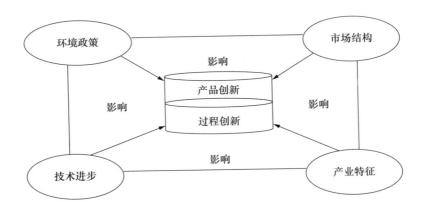

图 9 – 1　研究框架

（1）环境技术创新。衡量技术创新能力的指标一般用与专利相关的变量[229]，如专利申请量或专利授权量。专利又分为外观设计、实用新型和发明专利。相对于发明专利而言，外观设计、实用新型专利技术水平较低，学习模仿比较容易，且与发明专利具有较强的相关性，所以发明专利申请量最能代表一个产业的创新能力。同时，受体制影响，我国专利从申请到授权需要较长一段时间，如实用新型专利，从申请到授权需时长达 1 年左右，发明专利所需时间更长。正因为专利授权量的严重滞后性，国内外研究通常采用专利申请量而非专利授权量来衡量技术创新能力[229]。参照此做法，我们在此首先选取与汽车有关的发明专利申请量这一指标来表征我国汽车产业技术创新中的产品创新。其次，由于汽车工业产业链长、关联度大，能源消耗高度集中，我们选取表征企业综合能源消费量与用能单位工业总产值比值的万元产值综合能耗这一指标来表征我国汽车产业的能耗变化情况，即过程创新。

（2）环境政策。环境政策是由各种环境政策工具组成的。我国的环境政策工具主要有"三同时"制度、城市综合评价监测系统、环境影响评估、清洁生产以及主要污染物排放总量控制、环境保护责任制，排污许可证、污染限期治理等。基于数据可得性，本书主要采用环境影响评估、"三同时"制度、污染限期治理三个指标来衡量。环境影响评估是由国家环保局对各地区的环境质量每年进行一次评估，一共有20余个指标，覆盖了空气、水、固体废物、噪声、绿化造林等内容。"三同时"制度就是为了防止污染，要求申请项目的其他配套设施，必须与主体工程同时设计、同时施工、同时投产。污染限期治理是通过采取治理措施，增加治理污染的经济效率。

（3）技术进步。技术进步对技术创新的推动作用有目共睹[163]。本书采用R&D投入强度、人力资本存量两个指标来衡量。R&D投入是技术创新的必备条件之一，而人力资本是技术创新的主力军，是开展科学技术活动的核心力量，也是衡量一个产业的科技进步程度和经济增长能力的重要因素。本书拟用人力资本存量来度量，人力资本存量是劳动力数量与人力资本水平的乘积。其中，劳动力数量采用汽车产业中从事研究与开发的人员数量来表示，人力资本水平采用科技人员的平均受教育年限来表示。

（4）市场结构。由于技术创新强调科技成果的商业化、产业化过程。判断技术创新成功与否的重要标准是市场的实现程度，即所获得的商业利润、市场份额的多少[8]，市场无疑对技术创新具有巨大的拉动作用。本书利用产品销售利润率和出口产品均价这两个指标来分别衡量国内市场和国外市场的拉动能力，市场交易额越大，也反映出市场中存在更激烈的竞争[230]。

（5）产业特征。按照熊彼特的假设，产业越大，企业越大，相比于小规模的产业和企业，越有可能创新，因为其拥有更多创新所必需的资金（Financial）

资源、物质（Physical）资源和商业（Commercial）资源[231]。我国产业之间的发展差异十分明显，本书在此利用总产值增加值和企业数两个指标来度量。总产值增加值越大，表明产业越兴旺，企业数越多，表明产业内部的竞争越激烈。

二、模型变量描述

根据表9-1所示的变量指标，通过查询《中国环境年鉴》、《中国统计年鉴》、《中国发展报告》、《中国社会统计年鉴》、《中国新闻出版统计资料汇编》、《中国城市统计年鉴》、《中国国民经济和社会发展统计资料汇编》、《中国科技统计年鉴》等资料，并结合国家知识产权局网站数据库（www.sipo.gov.cn），收集到我国汽车产业1999~2008年共10年的数据，为了降低序列波动性影响，将数据对数化。各变量的描述性统计结果如表9-2所示。

表9-2　各变量的描述性统计结果

变量	均值	标准差	最小值	最大值
发明专利申请量（Petent）	7.390860	0.542864	6.618739	8.158516
万元产值耗能源总量（Energyconsumption）	-2.186653	0.321033	-2.659260	-1.660731
环境影响评估（EQVA）	4.577107	0.036105	4.516339	4.602166
"三同时"制度（Enforcement）	4.565986	0.020566	4.520701	4.583947
污染限期治理（Regulation）	4.226458	0.437163	3.720088	4.907960
R&D投入强度（R&D）	14.04013	0.593793	13.28136	14.94297
人力资本存量（Human）	11.56201	1.136221	10.71077	14.27550
产品销售利润率（Margin）	-2.852692	0.212504	-3.248131	-2.577284
出口产品均价（Export）	-0.195316	0.255612	-0.732909	0.173156
总产值增加值（Size）	16.78623	0.532544	15.97198	17.53914
企业数（Number）	7.831363	0.057369	7.751905	7.919720

三、逐步回归分析

解决实际问题时需要从对因变量有影响的诸多变量中选择一些变量作为自变量，应用多元回归分析的方法建立"最优"回归方程，以便对因变量进行预报或控制。所谓"最优"回归方程,主要是指希望在回归方程中包含所有对因变量 y 影响显著的自变量,而不包含对 y 影响不显著的自变量的回归方程。逐步回归分析正是根据这种原则提出来的。其主要思路是在考虑的全部自变量中按其对 y 的作用大小、显著程度大小或者贡献大小,由大到小地逐个引入回归方程,而对那些对 y 作用不显著的变量可能始终不被引入回归方程。另外,已被引入回归方程的变量在引入新变量后也可能失去重要性,需要从回归方程中剔除出去。引入一个变量或者从回归方程中剔除一个变量都称为逐步回归的一步,每一步都要进行 F 检验,以保证在引入新变量前回归方程中只含有对 y 影响显著的变量,而不显著的变量已被剔除。

本章就以 EQVA、Enforcement、Regulation、R&D、Human、Margin、Export、Size、Number 为自变量,分别以 Patent 和 Energyconsumption 为因变量,逐步建立回归模型,得到如表 9 – 3 与表 9 – 4 所示的结果。

表 9 – 3 以 Patent 为因变量的回归模型系数

模型		非标准化系数		标准系数	t	Sig.	共线性统计量	
		B	标准误差	试用版			容差	VIF
1	(常量)	− 5.017	1.343		− 3.736	0.010		
	R&D	0.884	0.096	0.967	9.247	0.000	1.000	1.000
2	(常量)	− 5.814	1.032		− 5.634	0.002		
	R&D	0.838	0.072	0.917	11.612	0.000	0.936	1.068
	Margin	− 0.504	0.202	− 0.197	− 2.497	0.055	0.936	1.068

表 9 – 4 以 Energyconsumption 为因变量的回归模型系数

模型		非标准化系数		标准系数	t	Sig.	共线性统计量	
		B	标准误差	试用版			容差	VIF
1	(常量)	1.354	0.195		6.953	0.000		
	EQVA	− 0.013	0.002	− 0.913	− 6.326	0.000	1.000	1.000
2	(常量)	1.163	0.151		7.723	0.000		
	EQVA	− 0.010	0.002	− 0.744	− 6.420	0.000	0.768	1.303
	Regulation	0.001	0.000	− 0.351	− 3.029	0.019	0.768	1.303

续表

模型		非标准化系数		标准系数	t	Sig.	共线性统计量	
		B	标准误差	试用版			容差	VIF
3	（常量）	0.850	0.186		4.582	0.004		
	EQVA	-0.007	0.002	-0.518	-3.757	0.009	0.348	2.876
	Regulation	0.001	0.000	-0.362	-3.893	0.008	0.766	1.306
	Human	0.001	0.000	0.285	2.219	0.068	0.399	2.505

表9-3和表9-4为各个系数的检验，从表中可以看出，各个模型的所有系数都具有统计学意义。此外，表中的 VIF 均小于5，即变量间没有共线性，由此可以得出逐步回归方程依次为：

$$Patent_t = -5.017 + 0.884R\&D_t$$

$$Patent_t = -5.814 + 0.838R\&D_t - 0.504Margin_t$$

$$Energyconsumption_t = 1.354 - 0.013EQVA_t$$

$$Energyconsumption_t = 1.163 - 0.01EQVA_t + 0.001Regulation_t$$

$$Energyconsumption_t = 0.850 - 0.007EQVA_t + 0.001Regulation_t + 0.001Human_t$$

$$(9-1)$$

从回归方程可以看出，Patent 与 R&D 有线性正相关关系，而与 Margin 有线性负相关关系。Energyconsumption 与 EQVA 有线性负相关关系，与 Regulation 和 Human 有线性正相关关系。

四、单位根检验

经济时间序列，特别是宏观经济数据，常常呈现出明显的时间趋势，如果不检验序列的平稳性，很容易由于变量序列为非平稳时间序列，依据 t 统计量和准则，判断变量之间存在某种关系时，具有潜在的"虚假性"，即可能出现所谓的"伪回归"。我们采用 ADF 单位根检验法，利用 AIC 和 SC 准则确定变量的滞后阶数，对所有变量序列进行平稳性检验，分析逐步回归是否是"伪回归"。检验结果如表9-5所示。

表 9 - 5　ADF 检验结果

变量	ADF 统计量	临界值	检验形式（C，T，K）	结论
Patent	- 2.803900	- 3.701534***	（C，T，1）	非平稳
ΔPatent	- 12.56102	- 8.235570*	（C，T，1）	平稳
Energyconsumption	- 3.700342	- 3.701534***	（C，T，2）	非平稳
ΔEnergyconsumption	- 32.32468	- 7.006336*	（C，T，2）	平稳
EQVA	- 1.207217	- 3.515047***	（C，T，2）	非平稳
ΔEQVA	- 3.984114	- 3.701534***	（C，T，1）	平稳
Regulation	- 1.794174	- 3.515047***	（C，T，1）	非平稳
ΔRegulation	- 3.150068	- 3.320969**	（0，0，1）	平稳
R&D	- 1.676497	- 3.701534***	（C，T，2）	非平稳
ΔR&D	- 5.269953	- 4.450425**	（C，T，2）	平稳
Human	- 1.766255	- 3.515047***	（C，T，2）	非平稳
ΔHuman	- 4.230909	- 3.590496***	（C，T，2）	平稳
Margin	- 2.986932	- 3.701534***	（C，T，2）	非平稳
ΔMargin	- 9.070315	- 7.006336*	（C，T，2）	平稳

注：检验形式（C，T，K）中的 C 表示检验时含常数项（C = 0 表示不含常数项），T 表示含趋势项（T = 0 表示不含趋势项），K 表示滞后阶数；Δ 表示一阶差分算子。***、**、* 分别表示在 10%、5%、1% 水平上显著。

检验结果表明：所有变量的时间序列皆为一阶差分平稳，即同阶单整的，这说明逐步回归不是"伪回归"，因而可对变量序列 EQVA、Regulation、R&D、Huamn、Margin 与 Patent、Energyconsumption 做下一步的协整检验①。

五、协整检验

变量序列之间的协整关系是由 Engle 和 Granger（1987）[234] 首先提出的。其意义在于它揭示了变量之间是否存在一种长期稳定的均衡关系。我们基于单位根

---

① 协整关系的基本思想在于，尽管两个或两个以上的变量序列为非平稳序列，但它们的某种线性组合却可能呈现稳定性，这时这两个变量之间便存在长期稳定关系，即协整关系。如果两个变量都是单整变量，只有当其单整阶数相同时才可能协整；两个以上变量如果具有不同的单整阶数，则有可能经过线性组合构成低阶单整变量。

检验，采用 Engle – Granger（1987）两步法[234]，以分析环境影响评估（EQVA）与发明专利申请量（Patent）的关系为例（其他类似），由于"创新可以孕育创新"，在一定时期，产业的技术创新不仅与当期的环境影响评估，而且还可能受前一期技术创新的影响，具有一定的惯性。由此，可以建立如式（9 – 2）的普通最小二乘回归模型。

$$Patent_t = \partial_0 + \partial_1 Patent_{t-1} + \partial_2 EQVA_t \qquad t = 1，2，\cdots，10 \qquad (9-2)$$

令此回归模型的残差为 ecm，对其进行单位根检验，结果如表 9 – 6 所示。

表 9 – 6　残差序列的 ADF 检验结果

检验序列	ADF 统计量	临界值	检验形式（C，T，K）	结论
EQVA 和 Patent 的残差序列	– 5.512839	– 5.338346 **	（C，T，1）	平稳
EQVA 和 Energyconsumption 的残差序列	– 67.26150	– 7.006336 *	（C，T，2）	平稳
Regulation 和 Patent 的残差序列	– 16.50454	– 8.235570 *	（C，T，1）	平稳
Regulation 和 Energyconsumption 的残差序列	– 6.730902	– 4.773194 **	（C，T，2）	平稳
R&D 和 Patent 的残差序列	– 4.548756	– 3.877714 ***	（C，T，1）	平稳
R&D 和 Energyconsumption 的残差序列	– 15.05180	– 7.006336 *	（C，T，2）	平稳
Human 和 Patent 的残差序列	– 4.382017	– 4.187634 ***	（C，T，1）	平稳
Human 和 Energyconsumption 的残差序列	– 29.64137	– 7.006336 *	（C，T，2）	平稳
Margin 和 Patent 的残差序列	– 32.15262	– 8.235570 *	（C，T，1）	平稳
Margin 和 Energyconsumption 的残差序列	– 5.918535	– 4.773194 **	（C，T，2）	平稳

注：检验形式（C，T，K）中的 C 表示检验时含常数项（C = 0 表示不含常数项），T 表示含趋势项（T = 0 表示不含趋势项），K 表示滞后阶数。*** 、** 、* 分别表示在 10% 、5% 、1% 水平上显著。

检验结果显示：所有变量的残差序列皆为平稳序列，表明 Patent、Energyconsumption 与变量 EQVA，Regulation、R&D、Human、Margin 之间存在协整关系，即存在一种长期均衡关系。

六、格兰杰因果关系检验

协整检验可以判断变量之间是否存在长期的均衡关系，但是，这种长期的均衡关系究竟是由哪个变量引发另一个变量的结果，这需要进行格兰杰因果关系检验[①]。对于经济时间序列数据来说，如果 X 标量能够有效地帮助预测 Y，那么过程 X 是 Y 的"格兰杰原因"。格兰杰因果性检验的是先后次序和信息内容，不是一般意义上说明某种原因的关系。结果分别如表9－7、表9－8所示。

表9－7 Patent 的格兰杰因果关系检验结果

零假设	滞后阶数	F 值	P 值	决策
Patent 不是 EQVA 的 Granger 原因	1	1.79712	0.2725	接受
EQVA 不是 Patent 的 Granger 原因	1	15.3912	0.0295	拒绝
Patent 不是 Regulation 的 Granger 原因	1	0.01758	0.9029	接受
Regulation 不是 Patent 的 Granger 原因	1	5.21100	0.09470	拒绝
Patent 不是 R&D 的 Granger 原因	1	0.00338	0.9573	接受
R&D 不是 Patent 的 Granger 原因	1	3.59294	0.01543	拒绝
Patent 不是 Human 的 Granger 原因	1	0.09059	0.7831	接受
Human 不是 Patent 的 Granger 原因	1	33.1133	0.0104	拒绝
Patent 不是 Margin 的 Granger 原因	1	0.07986	0.7959	接受
Margin 不是 Patent 的 Granger 原因	1	2.45531	0.0654	拒绝

从表9－7可以看出，EQVA、Regulation、R&D、Human、Margin 对 Patent 的影响均显著，均为 Patent 的格兰杰原因，其增加会影响 Patent 的增加；反之则不成立。这说明，EQVA、Regulation、R&D、Human、Margin 与 Patent 之间只有单向因果关系，不存在互为因果的反馈性联系。

从表9－8中可以看出，EQVA、R&D、Human、Margin 对 Energyconsumption，Energyconsumption 对 Regulation 的影响均显著，说明 EQVA、R&D、Human、Margin 均为 Energyconsumption 的格兰杰原因，Energyconsumption 为 Regulation 的格兰杰原因；反之则不成立，说明它们之间只有单向因果关系，并不存在互为因果的反馈性联系。

---

① 如果变量之间是协整的，那么至少存在一个方向上的 Granger 原因。非协整时，任何原因的推断都将是无效的[232]。

表 9 – 8　Energyconsumption 的格兰杰因果关系检验结果

原假设	滞后阶数	F 值	P 值	决策
Energyconsumption 不是 EQVA 的 Granger 原因	1	0.05413	0.8253	接受
EQVA 不是 Energyconsumption 的 Granger 原因	1	2.49140	0.0175	拒绝
Energyconsumption 不是 Regulation 的 Granger 原因	1	4.31490	0.0924	拒绝
Regulation 不是 Energyconsumption 的 Granger 原因	1	1.50898	0.2740	接受
Energyconsumption 不是 R&D 的 Granger 原因	1	0.00366	0.9541	接受
R&D 不是 Energyconsumption 的 Granger 原因	1	4.26847	0.0937	拒绝
Energyconsumption 不是 Human 的 Granger 原因	1	0.47636	0.5208	接受
Human 不是 Energyconsumption 的 Granger 原因	1	7.30753	0.0432	拒绝
Energyconsumption 不是 Margin 的 Granger 原因	1	0.74234	0.4283	接受
Margin 不是 Energyconsumption 的 Granger 原因	1	2.84449	0.0153	拒绝

七、误差修正模型检验

对于具有协整关系的序列，算出误差修正项，并将其滞后一期作为解释变量，连同其他反映短期波动关系的变量一起构成误差修正模型，反映变量短期的相互关系。在此，我们以分析环境影响评估（EQVA）与发明专利申请量（Patent）的关系为例，其他类似。

由于"创新可以孕育创新"，在一定时期，产业技术创新不仅受当期的环境影响，并且还受前一期技术创新影响，具有一定的惯性。由此，我们在式（9 – 1）的回归模型基础上，如果当期的技术创新能力与当期的环境影响评估及前期的技术创新能力均为一阶单整序列，而其线性组合为平稳序列，则可求出误差修正序列，并建立误差修正模型，如下：

$$\nabla Patent_t = \beta_0 + \beta_1 \nabla EQVA_t + \beta_2 \nabla Patent_{t-1} + \beta_3 ecm_{t-1} + \beta_4 t \quad t = 1, 2, \cdots, 10$$

$$(9 - 3)$$

$$ecm_{t-1} = \nabla Patent_t - \partial_0 - \partial_1 EQVA_{t-1} - \partial_2 \nabla Patent_{t-1} \quad t = 1, 2, \cdots, 10 \quad (9 - 4)$$

式（9 – 3）中的 $\nabla Patent$、$\nabla EQVA$ 分别为变量对数滞后 1 期的值，式（9 – 4）

为误差修正项。

　　前面的分析可以证明变量序列 Patent、Energyconsumption 以及 Patent（-1）、Energyconsumption（-1）与其他 5 个变量序列之间存在协整关系，故可以建立误差修正模型。先分别对序列 Patent、Energyconsumption、Patent（-1）、Energyconsumption（-1）以及其他各变量序列进行一阶差分，然后对各个误差修正模型进行估计，估计结果如表 9-9、表 9-10 所示。

表 9-9　Patent 的误差修正模型估计结果

序列	ecm	回归系数	t 值	P 值	显著性
EQVA 和 Patent 的误差修正序列	ecm11	1.557764	2.737540	0.1115	不显著
Regulation 和 Patent 的误差修正序列	ecm31	0.702443	0.918582	0.4553	不显著
R&D 和 Patent 的误差修正序列	ecm41	0.002892	0.001325	0.9991	不显著
Human 和 Patent 的误差修正序列	ecm51	-1.385801	-1.696353	0.2319	不显著
Margin 和 Patent 的误差修正序列	ecm61	0.457418	0.229058	0.8401	不显著

　　从表 9-9 中可以看出，所有的 5 个变量的 t 检验值均不显著，这说明其长期均衡对短期波动的影响不大。

表 9-10　Energyconsumption 的误差修正模型估计结果

序列	ecm	回归系数	t 值	P 值	显著性
EQVA 和 Energyconsumption 的误差修正序列	ecm12	-1.690061	-1.391580	0.2364	不显著
Regulation 和 Energyconsumption 的误差修正序列	ecm32	-1.857396	-5.395947	0.0057	显著
R&D 和 Energyconsumption 的误差修正序列	ecm42	-3.083718	-3.761526	0.0197	显著
Human 和 Energyconsumption 的误差修正序列	ecm52	0.319522	0.134353	0.8996	不显著
Margin 和 Energyconsumption 的误差修正序列	ecm62	-1.662288	-1.269230	0.2732	不显著

　　从表 9-10 中可以看出，变量 Regulation 和变量 R&D 的 t 检验值均显著，其误差修正项的系数分别为 -1.857396、-3.083718，这说明其长期均衡对短期波动的影响显著。除此之外，其他的 3 个变量 t 检验值均不显著，这说明其长期均衡对短期波动的影响不大。

第三节　结论及建议

我们基于动态计量模型，对我国汽车产业 1999～2008 年的数据进行实证研究，探讨了我国汽车产业中，环境影响评估制度、"三同时"制度、污染限期治理制度三大环境政策工具以及技术进步、市场结构、产业特征对汽车产业的环境技术创新的影响，得到如下三点结论：

一、环境政策工具对环境技术创新能力的影响

通过逐步回归分析发现，环境政策工具中的环境影响评估和污染限期治理两个变量与技术创新存在相关关系，并且通过协整分析发现，这两个变量与技术创新之间存在长期的均衡关系。环境影响评估制度（EQVA）和污染限期治理制度（Regulation）均为产品创新（Patent）的格兰杰原因，同时，环境影响评估制度是过程创新（Energyconsumption）的格兰杰原因，此外，过程创新是污染限期治理的格兰杰原因；反之影响均不显著，说明这些变量之间只有单向因果关系，不存在互为因果的反馈性联系。这表明，环境影响评估制度是产品创新的强的外生变量，而过程创新是污染限期治理的强的外生变量。通过误差修正模型检验发现，环境政策的长期均衡对产品创新短期波动的影响不大，而污染限期治理制度的长期均衡对过程创新短期波动的影响显著。

对于汽车产业这样一个典型的、具有负外部效应的行业[235]，我国最早从 1981 年就开始了汽车排放标准的制定工作，借此对汽车污染物排放进行监督和约束。应该说，近年来政府对环境保护给予了越来越密切的关注，尤其是"十五"以来，我国环境政策工作不断完善，先后制定或修订了《清洁生产促进法》、《环境影响评价公众参与办法》等法律法规，促使汽车制造企业聚焦于变革和研发排污控制技术，由此促进了相关产品的开发和应用，同时，政府出台的针对小排量汽车的一系列税收、补贴优惠政策也对国内外各大汽车制造企业产生了巨大的吸引力，大家纷纷开始通过成立专门的研发中心和事业部门，以便在技

术研发和产品推出中加大小排量汽车所含的比例，促进小排量汽车的高速发展[235,236]。

　　汽车产业作为碳排放的大户，在以后很长一段时期内，都将是节能减排的关键环节[235]。我国的汽车产业在近些年一路高歌，势头迅猛，势必导致在今后全国碳排放中所占的比例也一路水涨船高。为了在产业发展和节能减排这双管齐下的压力下持续生存和发展，汽车产业必须扭转和探索新的发展模式。就目前状况来看，低污染、低排放、低能耗的低碳型汽车将是未来汽车业发展的主导方向[235]。为此，可以适当提高中国环保政策强度，借此提高对企业技术创新，尤其是环境技术创新的激励程度，以达到环境绩效和经济绩效同时改进的"双赢"目标。同时，政府还需要进一步推进以市场为基础的环境政策改革，针对具体情况，合理借助价格、税收、补贴等多种手段，激励企业及相关机构重视环保技术的开发与利用，在生产过程和产品中采用环保的生产技术，达到控制污染，保护环境的目标。当然，环境政策对企业的影响，不仅反映了政策本身的质量和有效性，也反映了企业应对环境政策的能力和水平。环境政策在给企业经济绩效带来一定不利影响的同时，也是企业借以提高经济绩效获得竞争优势的机会。环境政策的长期均衡对产品创新短期波动的影响不大，而污染限期治理的长期均衡对过程创新短期波动的影响显著这一结论得到了证明。

　　总之，节能环保这条路将是全球汽车产业实现可持续发展的不二选择，我国也不例外。具体来说，要想迈上这条康庄大道，需要政府和企业均付出努力：①政府部门应尽快开发和实施有关的环境政策工具，进一步建立和完善相关法律法规和标准体系，在加强对机动车污染排放的监控管理和环保生产一致性检查及违规的处置力度的同时，利用税收、补贴等多种手段估计企业开发低碳型汽车技术与产品。②企业应在明确新能源汽车的研发与生产的战略构架下，尽快开展广泛而深入的技术研发合作、产品改良和开发合作[235]。只有政企合力、同心同德，才能打造出节能减排、循环发展的产业链[135,237]。

二、技术进步对环境技术创新能力的影响

　　通过逐步回归分析发现，R&D 投入、人力资本存量与技术创新存在相关关系，并且通过协整分析发现，R&D 投入、人力资本存量与技术创新之间存

在长期的均衡关系。同时，通过格兰杰因果检验可以发现，研发投入（R&D）和人力资本存量（Human）对产品创新和过程创新的影响均显著；反之，影响不显著，说明它们之间只有单向因果关系，不存在互为因果的反馈性联系，这表明研发投入和人力资本存量均是产品创新和过程创新的强的外生变量。通过误差修正模型检验发现，R&D 投入、人力资本存量的长期均衡对产品创新短期波动的影响不大，同时，R&D 投入的长期均衡对过程创新短期波动也有显著影响。

这个结果说明我国汽车产业的人力资本存量是其环境技术创新能力的一个显著因素，由于人力资本存量作为区域创新能力的一个显著因素，直接影响到一个国家实施自主创新的能力和潜力，因此，应对其给予更多关注①。由于书中的人力资本存量是用劳动力数量与人力资本水平的乘积来衡量，所以，在扩大劳动力就业规模的同时，还需进一步提高劳动力的文化科技水平。具体而言，需要完善政府、企业、社会多元化人才培养和投入机制，充分发挥教育在科技创新和创业人才培养中的基础作用，着重培养一支既懂业务和技术，又擅长管理和经营的高级人才。此外，还要培养一批能承担技术研究和产品开发的工程技术人才，培养一定数量的、专业化的高技能人才。

同时，我国汽车产业自主创新能力薄弱的另一主要原因是研发经费投入不足，远远低于外国汽车企业投入水平。如图 9 - 2 所示，近些年我国汽车产业的研发费用占销售收入的比重仅为 1.8%，远低于福特公司的 4.31% 和通用公司的 3.20%②。

此外，企业重产品引进、轻技术消化与吸收现象严重，如图 9 - 3 所示，2002 年，韩国与日本的汽车产业的消化吸收与引进技术的经费投入比例分别为8:1、5:1，我国则只有 0.08:1。在如此悬殊的差异之下，我们也能理解为何自改革开放以来，经过这么多年的"市场换技术"式的发展，中国汽车产业仍未能

---

① 我国汽车产业的人力资源现状主要存在两方面问题：一是当前我国汽车产业的研发人才短缺现象比较严重。据统计，欧美发达国家汽车研发人才一般都占全行业的 30% 以上，而我国仅为 8%。二是在缺乏自主开发积极性的大型国有企业与合资企业里，研发人才缺乏施展才华与抱负的自主创新舞台，人才浪费较为严重。

② 参见《中国汽车产业发展报告 2008》（社会科学文献出版社 2008 年版）。

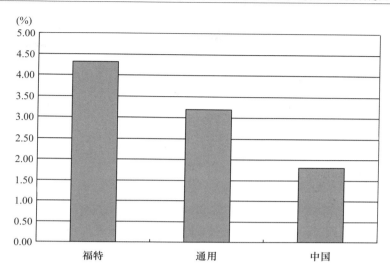

图 9 - 2　研发费用占销售收入的比例

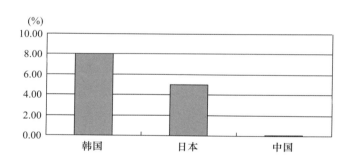

图 9 - 3　中、日、韩三国消化吸收与引进技术的经费投入比例对比

形成"引进—吸收—试制—自主创新"的良性循环。

　　我国的工业企业过于重视经济效益，导致对研发，尤其是环境科技方面的研发不够重视，投入不足①，且研发质量有待提高。在我国汽车企业面临更加激烈的竞争环境和更大研发风险的情况下，需进一步加大政府 R&D 投入，尤其是新

_____

　　①　随着我国 R&D 经费规模的扩大及投入强度的提高，其来源结构也由以政府筹资为主转变为以企业筹资为主。在 2006 年我国 R&D 投入强度仅为 1.31% 的水平下，R&D 经费来源于企业的部分却高达 66%，相对于我国企业目前的经济实力而言有些偏高，而 R&D 经费来源于政府的部分却有些偏低。

能源和节能技术、产品的研发力度。同时，我国汽车产业也需要不断加大研发活动经费的投入，以真正确立以企业为主的研发主体地位，加大成果转化力度，加强科技人才培养，打造高素质科研队伍，从而推动我国汽车产业真正走向可持续发展道路，并最终在全球产业结构中占据制高点。为此，企业不仅要着力于技术研发能力的积累，还要积极地培育良好的人文环境。同时，政府应当发挥社会职能，大力扶持汽车产业，加快发展速度，提高科研实力，积极引导各方资金进入，提高全行业的技术水平。

三、市场结构对环境技术创新能力的影响

实证发现，产品销售利润率与技术创新之间存在长期的均衡关系，同时，产品销售利润率是产品创新和过程创新的强的外生变量。其长期均衡对技术创新短期波动的影响不大。这表明我国汽车产业在看好未来盈利的预期下，对技术创新不够重视。技术提升是一个逐步累积的过程，需要从现在做起，不能"临时抱佛脚"。可惜的是，一直受到政府特殊保护的"三大"和"三小"汽车企业（"三大"指一汽、东风、上汽，"三小"指广汽、北汽、长安），在市场占有率和盈利水平上拥有显著优势[235]，如图9-4、图9-5所示。

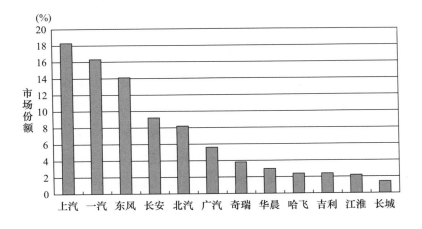

图9-4 2008年主要汽车生产企业市场份额

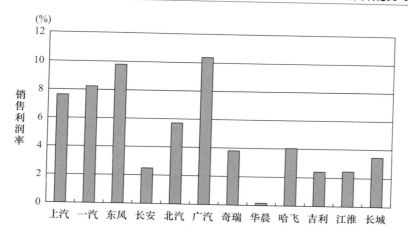

图 9 - 5 2009 年主要汽车生产企业销售利润率

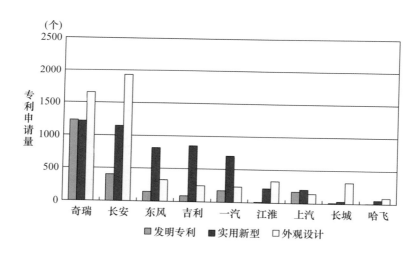

图 9 - 6 2001~2009 年我国主要汽车生产企业专利申请情况

　　但是从图 9 - 6 中可以看出，专利申请量总和排在前六名的汽车企业中，只有三家是受保护的企业，仅占一半，其余均系民营企业[235]。这说明，较高的产品销售利润率与市场份额并未能有效促进国有大型车企的技术创新；相反，还对民营车企的技术创新活动起到了相反的阻碍作用，影响了我国汽车产业自主创新的进程[235]。

为了进一步发挥市场对汽车产业技术创新的积极作用，政府需要健全汽车市场体制，不断完善市场管理体系，维护公平公正的市场秩序，为企业自主创新建立公平竞争的市场环境。除此之外，产品出口（Export）、工业产值增加值（Size）和企业数（Number）对汽车产业技术创新的作用均不显著。这说明，虽然我国汽车产业在产品出口、产值和规模上取得了骄人成绩，但是仍存在一些问题，如在出口方面，由于本土汽车企业还没有打响自己的品牌，海关统计的中国出口汽车产品大多打着海外品牌的外资企业出口或是给外资企业代工出口，中国从中所得不过是一点可怜的加工费，利润率不高，导致产品出口对我国汽车企业环境技术创新的促进作用不积极；同时，由于这类产品的技术图纸和生产流程完全掌握在外方手里，中国技术人员无权做任何改进，这种出口增长对技术水平的促进作用相当微弱。产品结构的调整和升级往往是在市场压力下产生的。有必要调整出口产品结构，增加研发投入，开发新技术和新产品，在国际市场上形成中国汽车的技术特色和科技优势，以更高的技术水准推动更多产品走向国际市场。在产量和规模上，虽然中国已排在了世界前两位，但与美国、日本等汽车强国相比，我国汽车产业在品牌影响力、国际竞争力、产业集中度、核心技术等方面差距巨大，使得合资企业和国际品牌仍然在我国汽车产销中占压倒性优势，日、欧、美、韩"四大车系"仍是市场主角。以轿车为例，如图 9 - 7 所示，2009 年

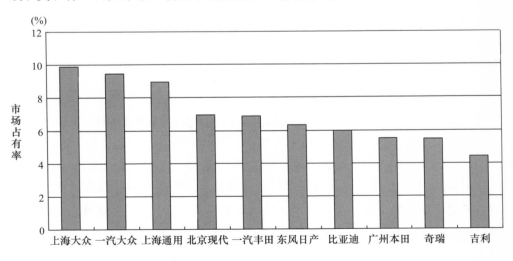

图 9 - 7　2009 年中国汽车市场占有率前十名企业

中国市场占有率前十名企业中，有七家都是国外品牌，自主品牌轿车中有三家进入了十强榜，但也只排在倒数几位。

在现有的自主品牌车企中，电子技术零部件，如电动转向、电子制动、悬挂系统、发动机控制等方面的核心技术与关键零部件仍然极为缺乏。就算是当前备受关注的新能源汽车，虽然取得了长足进步，但电池、电机和电控三大系统仍是软肋。

总之，走节能环保道路，是汽车工业发展的必由之路。随着我国跨入年产超千万的行列，节能减排的压力将越来越大，这会迫使本土车企着眼于全球技术变革的最前沿，加大研究新能源汽车及传统汽车的节能减排技术，同时，政府部门要尽快设计与实施相关环境政策，充分发挥主导与配套的作用[235]。

第四节　本章小结

技术创新是国家产业发展的立足之本，汽车产业已成为我国经济的支柱产业。我们基于动态计量模型，选取我国 1999～2008 年汽车业为研究对象，从产品创新和过程创新两个方面，通过环境政策、技术进步、市场结构、产业特征四个维度，实证研究了对我国汽车产业环境技术创新的影响作用。结果表明：环境政策工具中的环境影响评估制度和污染限期治理制度，技术进步中的 R&D 投入与人力资本存量，市场结构中的产品销售利润率与环境技术创新存在长期的均衡关系，且其长期均衡对产品创新短期波动的影响不大，仅有污染限期治理和 R&D 投入的长期均衡对过程创新短期波动的影响显著。同时，环境影响评估制度、R&D 投入、人力资本存量、产品销售利润率均为产品创新和过程创新的格兰杰原因，而污染限期治理是产品创新的格兰杰原因，过程创新是污染限期治理的格兰杰原因。

第十章　总结与展望

第一节　主要研究内容和创新点

本书以环境技术创新为研究对象，综合创新系统、技术创新、组织学习、最优化理论、计量经济学等理论与方法，研究了环境技术创新的"动力—行为—能力"这一创新路径的相关问题，尤其是通过对我国环境政策工具对环境技术创新能力的影响机理的研究，揭示出我国目前环境技术创新及环境政策工具发展的现状、存在的不足及可能的原因。这不仅对促进我国环境技术创新的发展具有重要意义，而且也对政府改进和实施环境政策工具同样具有重要的指导意义。

本书的主要创新点如下：

（1）研究了冗余资源视角下，企业在技术创新中开展自主创新决策以及技术创新的竞争扩散。通过对企业模仿创新行为的收益率、成功率，以及冗余资源的收益与自主创新行为之间关系的刻画，研究了自主创新效用最大化。通过构建与求解动态规划模型，得到了企业自主创新最优行为的解析解，并借助数值仿真试验，对此解的性态进行定性分析；此外，通过构建创新的竞争扩散模型，并对其平衡点及稳定性进行分析可知，创新扩散与创新之间的竞争具有正反馈关系，企业的学习能力对创新扩散的速度具有显著影响。如果一项环境技术创新要获得广泛采用，那么其必须要在与其他环境技术创新的竞争中占据领先优势。

（2）分别从动力、效率和能力三个方面，研究了我国环境技术创新的发展现状。环境创新体现了环境因素对技术创新的约束作用。在技术推力、需求引力和环境管制三方共同作用下，企业需要通过环境技术创新来达到经济、生态、社会效益相协调的可持续发展。同时，我国各个地区的环境技术创新的效率与能力差异巨大。从七个地区 26 个省（市、区）的整体来看，北部沿海地区的河北、东北地区的黑龙江、东部沿海地区的上海、南部沿海地区的广东、长江中游地区的安徽、黄河中游地区的陕西这些省市大多只汇集了本地区内小部分创新资源，而其中心化效率水平却名列前茅，西南地区的四川、重庆等五省（市、区）在本区域内的投入、产出比重都普遍低于其他六个地区，在环境技术创新的中心化效率方面五省（市、区）也都没有明显的优势。这说明，西南地区环境技术创新水平的提升不仅要继续依赖区域内的四川和重庆，还有必要迅速提升广西、贵州、云南的环境技术创新能力。

（3）分别以我国大中型工业企业与汽车产业为例，运用面板数据模型与动态计量模型，从环境政策、技术进步、市场结构、产业特征等维度，研究了环境政策工具对环境技术创新的影响。这样不仅在一定程度上充实了现有文献多关注美国、德国等欧美发达国家的某个具体产业或某类企业，缺乏中国情境的研究的不足，而且还在一定程度上弥补了国内研究多采用横截面数据，只能反映某个时间点的影响关系而忽略了时间延续性作用的缺陷。更重要的是，国内文献虽然关注到了环境政策工具对技术创新的影响，但现有成果中，多是只考虑如排污收费、许可证、环境标准中的哪一个或哪几个环境政策工具会对企业创新产生最大的刺激作用，普遍缺乏对传统的技术创新影响因素，如 R&D 投入、人力资本等的考虑。本书所做工作考虑到了技术进步、市场结构、产业特征等维度的影响，正是对这点不足的补充。通过研究发现，对我国大中型工业企业而言，环境政策工具中的环境法制与环境影响评估制度对环境技术创新不存在显著影响，"三同时"制度存在正向的显著影响，而排污许可证制度、污染限期治理制度存在负向的显著影响，且均存在明显的累积效应。同时，人力资本存量对环境技术创新存在显著的正向影响，且其作用较之其他因素最大。研发投入却存在负向影响，说明劳动依然是我国大中型工业企业的主要贡献要素，发展模式仍属粗放型。此外，技术市场对环境技术创新存在正向影响，并存在累积效应，这表明对未来国内市场需求的预期会促进更多的创新。产品出口却不存在显著影响，说明我国大部分环境友好型产品仍然针对的是国内市场，而非全球市场，出口贸易未有效推动各地区工业企业环境创新能力的提升。对我国汽车产业而言，环境政策工具中的环境影响评估制度和污染限期治理制度，技术进步中的 R&D 投入与人力资本存量，市场结构中的产品销售利润率与环境技术创新存在长期的均衡关系，且其长期均衡对产品创新短期波动的影响不大，仅污染限期治理和 R&D 投入的长期均衡对过程创新短期波动的影响显著。同时，环境影响评估制度、R&D 投入、人力资本存量、产品销售利润率均为产品创新和过程创新的格兰杰原因，而污染限期治理是产品创新的格兰杰原因，过程创新是污染限期治理的格兰杰原因。

第二节　研究不足与展望

本书虽然以我国环境技术创新为研究对象，研究了我国环境技术创新的动力、效率、能力，尤其是环境政策工具对环境技术创新的影响，借此揭示出我国目前环境技术创新及环境政策工具发展的现状、存在的不足、可能的原因及相应对策。但是囿于所选研究对象的巨大复杂性及笔者能力水平所限，尚有许多不足之处需要在未来研究中进一步深化。

（1）在环境技术创新动力的研究中，本书只是探讨了技术推力、需求引力和环境管制三方面的作用，并且仅以重庆长安汽车公司发展新能源汽车为例进行说明。对三者之间的作用机制、不同发展阶段的企业的作用差异以及对不同产业与企业的作用差异等还未触及，在未来的研究中，需要结合更多产业与企业，对比、分析不同动力对其环境技术创新的作用机制。

（2）在环境技术创新效率和能力的研究中，本书只是运用了主成分分析、聚类分析等传统的多元统计方法，在未来研究中，可以尝试运用一些其他的方法，如数据包络分析（DEA）、空间计量经济学等方法，来进行对比、分析。

（3）在环境政策工具对环境技术创新的影响研究中，本书针对我国大中型工业企业以及汽车产业进行了实证，但是在研究过程中，由于采用的是面板数据模型，所以在指标的选取上所受的局限较大，在现有条件下，只收集到了环境法制、环境影响评估制度、"三同时"制度、排污许可证制度、污染限期治理制度等环境政策工具的数据，其所代表的环境政策对环境技术创新的影响有一定局限。在未来研究中，可以拓宽渠道，加入排污税收等较为市场化的环境政策工具，探讨其对环境技术创新的综合作用，以此更加全面地反映出我国环境政策工具的实施与执行效果。同时，在实证过程中，还要试图采用更加精确的计量经济学模型，以便得到精确度更高的实证结果。

参考文献

［1］成思危. 论创新性国家的建设 ［J］. 中国软科学, 2009 （12）: 1 - 14.

［2］董险峰. 环境科技可持续发展的国际比较与中国对策 ［J］. 北京大学学报 （哲学社会科学版）, 2000, 37 （3）: 28 - 33.

［3］周生贤. 实施科技兴环保战略, 努力开创环境科技工作新局面 ［J］. 中国科技产业, 2006 （9）: 6 - 11.

［4］吴晓青. 指导新时期环境科技事业的纲领性文件——解读《关于增强环境科技创新能力的若干意见》［J］. 环境保护, 2006 （8）: 16 - 26.

［5］王凯军. 国外环境技术管理对我国的启示 ［J］. 环境保护, 2007 （4）: 32 - 36.

［6］赵英民. 科技创新与环保新道路 ［J］. 环境保护, 2009, 411 （1）: 14 - 18.

［7］肖显静, 赵伟. 从技术创新到环境技术创新 ［J］. 科学技术与辩证法, 2006, 23 （4）: 80 - 83.

［8］沈斌, 冯勤. 基于可持续发展的环境技术创新及其政策机制 ［J］. 科学学与科学技术管理, 2004 （8）: 52 - 55.

［9］Kneese A. V. , Schultze C. L. Pollution, Prices and Public Policy ［M］. Washington D. C. , Brookings Institution, 1975.

［10］Orr L. Incentive for Innovation as the Basis for Effluent Charge Strategy ［J］. American of Economic Review, 1976, 66 （2）: 441 - 447.

［11］Kemp Rene, Soete Luc. Inside the "Green Box": On the Economics of Technological Change and the Environment ［J］. New Explorations in the Economics of

Technical Change, 1990, 31 (1): 245 – 257.

[12] 胡美琴, 骆守俭. 基于制度与技术情景的企业绿色管理战略研究 [J].
中国人口·资源与环境, 2009, 19 (6): 75 – 79.

[13] 刘凤朝, 孙玉涛. 我国科技政策向创新政策演变的过程、趋势与建议:
基于我国 289 项创新政策的实证分析 [J]. 中国软科学, 2007 (5): 34 – 42.

[14] 张其仔, 郭朝先, 孙天法. 中国工业污染防治的制度性缺陷及其纠正
[J]. 中国工业经济, 2006 (8): 29 – 35.

[15] 李瑾. 环境政策诱导下的技术扩散效应研究 [J]. 当代财经, 2008
(7): 18 – 23.

[16] Juan Pablo Montero. Permits, Standards and Technology Innovation [J].
Journal of Environmental Economics and Management, 2002, 44 (1): 23 – 44.

[17] Schumpeter J. A. The Theory of Economic Development: An Inquiry into
Profits, Capital, Credit, Interest, and the Business Cycle [M]. University of Illinois
at Urbana – Champaign & Apos Academy for Entrepreneurial Leadership Historical Re-
search Reference in Entrepreneurship, 1934.

[18] 欧阳建平. 论技术创新的概念与本质 [D]. 中南大学硕士学位论
文, 2002.

[19] 王芳, 孙承志. 技术创新与相关概念的关系 [J]. 工业技术经济,
2000 (4): 91 – 92.

[20] S. C. Solo. Innovation in the Capitalist Process: A Critique of the Schumpete-
rian Theory [J]. The Quarterly Journal of Economics, 1951, 65 (3): 417 – 428.

[21] E. Mansfield. Patents and Innovation: An Empirical Study [J]. Manage-
ment Science, 1986, 32 (2): 173 – 181.

[22] C. Freeman. The "National System of Innovation" in Historical Perspective
[J]. Cambridge Journal of Economics, 1995, 19 (1): 5 – 24.

[23] 倪钢, 胡嵩. 技术创新概念解释及其局限性 [J]. 辽宁经济, 2005
(5): 32 – 33.

[24] 柳卸林. 中国知识经济发展阶段的指标分析 [J]. 中国软科学, 1998
(12): 9 – 12.

［25］李海舰，聂辉华．论企业和市场的相互融合［J］．中国工业经济，2004（8）：1-10．

［26］D. D. Rio, A. J. Stewart, Nicoletta Pellegrini. A Review of Recent Studies on Malondialdehyde as Toxic Molecule and Biological Marker of Oxidative Stress［J］. Nutrition, Metabolism and Cardiovascular Diseases, 2005, 15（4）：316-328.

［27］Hart S. L. Beyond Greening：Strategies for a Sustainable World［J］. Harvard Business Review, 1997, 75（1）：66-76.

［28］戴鸿轶，柳卸林．对环境创新研究的一些评论［J］．科学学研究，2009, 27（11）：1601-1610．

［29］Klaus Rennings. Redefining Innovation - eco - innovation Research and the Contribution from Ecological Economics［J］. Ecological Economics, 2000, 32（2）：319-332.

［30］Jens Horbach. Determinants of Environmental Innovation—New Evidence from German Panel Data Sources［J］. Research Policy, 2008, 37（1）：163-173.

［31］邵云飞，黎丽，尹守军．产业创新的新范式：生态创新研究［J］．技术经济，2009, 28（6）：29-34．

［32］彭海珍．环境管制对环境创新国际扩散的影响机制研究［J］．科技进步与对策，2009, 26（16）：28-32．

［33］Catherine A. Ramus, Ulrich Steger. The Roles of Supervisory Support Behaviors and Environmental Policy in Employee "Eco - initiatives" at Leading - edge European Companies［J］. Academy of Management Journal, 2000, 43（4）：605-626.

［34］仲伟俊，梅株蛾，谢圆圆．产学研合作技术创新模式［J］．中国软科学，2009（8）：174-181．

［35］彭福扬，黄剑．从社会发展观看技术创新的生态化转向［J］．科学学研究，2003, 21（3）：321-324．

［36］Carolyn Fisher, Lan W. H. Parry, William A. Pizer. Instrument Choice for Environmental Protection When Technological Innovation is Endogenous［J］. Journal of Environmental Economics and Management, 2003, 45（3）：523-545.

［37］许庆瑞，王伟强．中国企业环境技术创新研究［J］．中国软科学，

1995 （5）：16 – 20.

［38］ Vicki Norgerg – Bohm. Stimulating "green" Technological Innovation：An Analysis of Alternative Policy Mechnisms ［J］. Policy Sciences, 1999, 32 （1）：13 – 38.

［39］ 陈劲，刘景江，杨发明. 绿色技术创新审计实证研究 ［J］. 科学学研究，2002, 20 （1）：107 – 112.

［40］ Yu – Shan Chen, Shyh – Bao Lai, Chao – Tung Wen. The Influence of Green Innovation Performance on Corporate Advantage in Taiwan ［J］. Journal of Business Ethics, 2006, 67 （4）：331 – 339.

［41］ 童昕，陈天鸣. 全球环境管制与绿色创新扩散——深圳、东莞电子制造业企业调查 ［J］. 中国软科学，2007 （9）：69 – 76.

［42］ Michael W. Lawless. Generational Technological Change：Effects of Innovation and Local Rivalry on Performance ［J］. Academy of Management Journal, 1996, 39 （5）：1185 – 1217.

［43］ 荣诚. 生态技术创新研究初探 ［J］. 中国软科学，2004 （5）：159 – 160.

［44］ 范群林，邵云飞，唐小我. 以发电设备制造业为例探讨企业环境创新的动力 ［J］. 软科学，2011, 25 （1）：67 – 70.

［45］ Klaus Rennings, Andreas Ziegler, Kathrin Ankele et al. The Influence of Different Characteristic of the EU Environmental Management and Auditing Scheme on Technical Environmental Innovations and Economic Performance ［J］. Ecological Economics, 2006, 57 （2）：45 – 59.

［46］ Adam B. Jaffe, Karen Palmer. Environmental Regulation and Innovation：A Panel Data Study ［J］. The Review of Economics and Statistics, 1997, 79 （4）：610 – 619.

［47］ Smita B. Brunnermeier, Mark A. Cohen. Determinants of Environmental Innovation in US Manufacturing Industries ［J］. Journal of Environmental Economics and Management, 2003, 45 （2）：278 – 293.

［48］ Vanessa Oltra, Maider Saint Jean. Environmental Innovation and Clean Technology：An Evolutionary Framework ［J］. International Journal of Sustainable Development, 2005, 8 （3）：153 – 172.

［49］ Jan Nill, Rene Kemp. Evolutionary Approaches for Sustainable Innovation

Policies：From Niche to Paradigm［J］．Research Policy，2009，38（4）：668 - 680.

　　［50］欧阳青燕，邵云飞，陈新有．技术能力对产业创新的影响——以东方汽轮机厂为例［J］．技术经济，2009，28（1）：23 - 27.

　　［51］Charles W. L. Hill, Frank T. Rothaermel. The Performance of Incumbent Firms in the Face of Radical Technological Innovation［J］．Academy of Management Review，2003，28（2）：257 - 274.

　　［52］Robert D. Klassen, D. Clay Whybark. The Impact of Environmental Technologies on Manufacturing Performance［J］．Academy of Management Journal，1999，42（5）：599 - 615.

　　［53］李昆，彭纪生．基于市场诱致作用的绿色技术扩散层面与动力渠道研究［J］．软科学，2010，24（1）：1 - 7.

　　［54］Porter M. E. , van der Linde C. Toward a New Conception of the Environmental - Competitiveness Relationship［J］．Journal of Economic Perspectives，1995，9（4）：97 - 118.

　　［55］Katharina Maria Rehfeld, Klaus Rennings, Andreas Ziegler. Integrated Product Policy and Environmental Product Innovations：An Empirical Analysis［J］．Ecological Economics，2007，61（1）：91 - 100.

　　［56］谢伟，吴贵生．技术学习的功能和来源［J］．科研管理，2000（1）：8 - 13.

　　［57］Garvin D. A. Building a Learning Organization［J］．Harvard Business Renew，1993（4）：78 - 91.

　　［58］Huber G. P. Organizational Learning：The Contributing Processes and the Literatures［J］．Organization Science，1991，2（1）：88 - 115.

　　［59］杨莹，于渤，吴伟伟．企业技术能力提升对技术学习率的影响［J］．科研管理，2011，32（8）：26 - 33.

　　［60］魏江，许庆端．企业技术能力与技术创新能力的相关性与协调性研究［J］．科研管理，1996（1）：28 - 35.

　　［61］蒋春燕．中国新兴企业自主创新陷阱的突破途径［J］．中国工业经济，2006（4）：73 - 80.

［62］ Von Hippel E. Lead Users: A Source of Novel Product Concepts ［J］. Management Science, 1996, 32 (7): 791 – 805.

［63］ Lundvall Bengt – Ake. Innovation as an Interactive Progress: User – Producer Relations ［A］. Dost, 1988.

［64］ Klemmer P. et al. Demand, Innovation and Industrial Dynamics: An Introduction ［J］. Ind. Corp. Change, 1999, 19 (5): 1515 – 1520.

［65］ Fontana R., Malerba F. Demand as a Source of Entry and the Survival of New Semiconductor Firms ［J］. Ind. Corp. Change, 2010, 19 (5): 1629 – 1654.

［66］ Dosi G. Technological Paradigms and Technological Trajectories ［J］. Research Policy, 1982, 11 (1): 147 – 162.

［67］ Nelson R. R. The Co – evolution of Technology, Industrial Structure and Supporting Institutions ［J］. Ind. Corp. Change, 1994 (3): 47 – 63.

［68］ Arthur W. B. Competing Technologies and Lock – in by Historical Small Events ［J］. Economics Journal, 1989, 99 (1): 116 – 131.

［69］ David M. Herold, Narayanan Jayaraman C. R. Narayanaswamy. What is the Relationship between Organizational Slack and Innovation? ［J］. Journal of Managerial Issues, 2006, 18 (3): 372 – 393.

［70］ Nelson R. R., Winter S. G. An Evolutionary Theory of Economic Change ［M］. Cambridge: Harvard University Press, 1982.

［71］ Carlsson B., Stankiewicz R. On the Nature, Function and Composition of Technological Systems ［A］ // B. Carlsson. Technological Systems and Economic Performance: The Case of Factory Automation ［M］. Dordrecht: Kluwer Academic Publishers, 1995.

［72］ Carlsson B., et al. Innovation Systems: Analytical and Methodological Issues ［J］. Research Policy, 2002, 31 (2): 233 – 245.

［73］ Malerba F. Sectoral Systems of Innovation and Innovation and Production ［J］. Research Policy, 2002, 32 (2): 247 – 264.

［74］ Malerba F. Sectoral Systems: How and Why Innovation Differ Across Sectors ［A］ //Fagerberg J. etal. The Oxford Handbook of Innovation ［M］. Oxford: Oxford University Press, 2005.

[75] Jacobsson S. , Johnson A. The Diffusion of Renewable Energy Technology: An Analytical Framework and Key Issues for Research [J] . Energy Policy, 2000, 28 (9): 625 – 640.

[76] Bergek A. , Jacobsson S. The Emergence of a Growth Industry: A Comparative Analysis of the German, Dutch and Swedish Wind Turbine Industries [A] //Metcalf, S. , Cantner, U. Change, Transformation and Development [M] . Physica – Verlag: Heidelberg, 2003.

[77] Smits R. , Kuhlmann S. The Rise of Systemic Instruments in Innovation Policy [J] . International Journal of Foresight and Innovation Policy, 2004, 1 (1): 1 – 26.

[78] Hekkert M. et al. Functions of an Innovation System: A New Approach for Analyzing Technological Change [J] . Technological Forecasting and Social Change, 2007, 74 (4): 413 – 432.

[79] Bergek A. , Jacobsson S. , Carlsson B. , et al. Analyzing the Functional Dynamics of Technological Innovation Systems: A Scheme of Analysis [J] . Research Policy, 2008, 37 (3): 407 – 429.

[80] Bergek A. , Hekkert M. , Jacobsson S. Functions in Innovation Systems: A Framework for Analysing Energy System Dynamics and Identifying System Building Activities by Entrepreneurs and Policy Makers [A] //Foxon T. , Köhler J. , Oughton C. Innovations in Low – Carbon Economy [M] . Edward Elgar, 2008.

[81] Hekkert M. P. , Negro S. O. Functions of Innovation Systems as a Framework to Understand Sustainable Technological Change: Empirical Evidence for Earlier Claims [J] . Technological Forecasting and Social Change, 2009, 76 (4): 584 – 594.

[82] Suurs R. A. A. , Hekkert M. Cumulative Causation in the Formation of a Technological Innovation System: The Case of Biofuels in the Netherlands [J] . Technological Forecasting and Social Change, 2009, 76 (8): 1003 – 1020.

[83] Bergek A. , Jacobsson S. , Sandén B. "Legitimation" and "Development of Positive External Economies": Two Key Processes in the Formation Phase of Technological Innovation Systems [J] . Technology Analysis and Strategic Management,

2008，20（5）：575-592.

［84］李京文. 迎接知识经济新时代［M］. 上海：上海远东出版社，1999.

［85］吴汉东. 知识产权多维度解读［M］. 北京：北京大学出版社，2008.

［86］Hoffman A. Institutional Evolution and Change：Environmentalism and the U. S. Chemical Industry［J］. Academy of Management Journal，1999，42（4）：351-371.

［87］Campbell J. L. Institutional Analysis and the Paradox of Corporate Social Responsibility［J］. American Behavioral Science，2006，49（7）：925-939.

［88］Scott R. The Adolescence of Institutional Theory［J］. Administrative Science Quarterly，1987，32（4）：493-511.

［89］DiMaggio P. J.，Powell W. W. The Iron Cage Revisited：Institutional Isomorphism and Collective Rationality in Organizational Fields［J］. American Sociological Review，1983，48（2）：147-160.

［90］袁庆明. 技术创新与制度创新的关系理论评析［J］. 中州学刊，2001（1）：51-53.

［91］Veblen. 有闲阶级论［M］. 北京：商务印书馆，1964.

［92］卢瑟福. 经济学中的制度：老制度主义与新制度主义［M］. 中国社会科学出版社，1999.

［93］North. 西方世界的兴起［M］. 北京：华夏出版社，1999.

［94］袁庆明. 技术创新与制度创新的关系理论评析［J］. 中州学刊，2002（1）：50-53.

［95］Freeman C. The Economics of Technical Change［J］. Cambridge Journal of Economics，1994，18（5）：463-514.

［96］Nelson R. Recent Revolutionary Theorizing About Economic Change［J］. Journal of Economic Literature，1995，33：48-90.

［97］Oliver C. The Influence of Institutional and Task Environment Relationships on Organizational Performance［J］. Journal of Management Study，1997，34（1）：99-124.

［98］彭海珍，任荣明. 环境政策工具与企业竞争优势［J］. 中国工业经济，2003（7）：75-82.

［99］ Mitchell R. K. , Agle B. R. , Wood D. J. Toward a Theory of Stakeholder Identification and Salience: Defining the Principle of Who and What Really Counts ［J］. Academy of Management Review, 1997, 22（4）: 853 – 886.

［100］ Aldrich H. E. , Herker D. Boundary Spanning Roles and Organization Structure ［J］. Academy of Management Review, 1977, 2（2）: 217 – 230.

［101］ Aldrich H. E. , Fiol C. M. Fools Rush in? The Institutional Context of Industry Creation ［J］. The Academy of Management Review, 1994, 19（4）: 645 – 670.

［102］ Oliver C. Strategic Responses to Institutional Processes ［J］. Academy of Management Review, 1991, 18（1）: 145 – 177.

［103］ 彭海珍. 中国环境政策体系改革的思路探讨 ［J］. 科学管理研究, 2006, 24（1）: 25 – 28.

［104］ P. A. Samuelson. A Theory of Induced Innovation along Kennedy – Weisacker Lines ［J］. The Review of Economics and Statistics, 1965, 47（4）: 343 – 356.

［105］ 吕永龙. 环境技术创新及其产业化的政策机制 ［M］. 北京: 气象出版社, 2003.

［106］ Golding A. M. The Semi – Conductor Industry in Britain and the United States: A Case Study in Innovation, Growth and the Diffusion of Technology ［D］. University of Sussex, 1972.

［107］ G. S. Becker, G. J. Stigler. Law Enforcement, Malfeasance and Compensation of Enforcers ［J］. The Journal of Legal Studies, 1974, 3（1）: 1 – 18.

［108］ Harold Demsetz. Information and Efficiency: Another Viewpoint ［J］. Journal of Law and Economics, 1969, 12（1）: 1 – 22.

［109］ R. H. Coase. Industrial Organization: A Proposal for Research ［J］. National Bureau of Economic Research, 1972, 3（1）: 59 – 73.

［110］ 张坤, 夏光. 新发展方式与中国环境政策创新 ［J］. 环境科学动态, 2000（1）: 1 – 5.

［111］ Chad Nehrt. Maintainability of First Mover Advantages When Environmental Regulations Differ Between Countries ［J］. Academy of Management Review,

1998, 23（1）：77 – 97.

[112] 谢剑, 王金南, 葛察忠. 面向市场经济的环境与资源保护政策 [J]. 环境保护, 1999（11）：16 – 19.

[113] Palmer Karen, Sigman Hilary, Walk Margaret. The Cost of Reducing Municipal Solid Waste [J]. Journal of Environmental Economics and Management, 1997, 33（2）：128 – 150.

[114] 王达梅. 公共环境政策影响评估制度研究 [J]. 兰州大学学报（社会科学版）, 2007, 35（5）：83 – 88.

[115] Wesley A. Magat. Pollution Control and Technological Advance：A Dynamic Model of the Firm [J]. Journal of Environmental Economics and Management, 1978, 5（1）：1 – 25.

[116] Wesley A. Magat. A Decentralized Method for Utility Regulation [J]. Journal of Law and Economics, 1979, 22（2）：399 – 404.

[117] Cadot O., Bernard Sinclair – desgagne. Innovation under the Threat of Stricter Environmental Standards [J]. Environmental Policy and Market Structure, 1996, 31（2）：131 – 141.

[118] Fisher C., Lan W. H. Parry, William A. Pizer. Instrument Choice for Environmental Protection When Technological Innovation is Endogenous [Z]. Working Paper, 2003.

[119] Yannis Katsoutacos, David Ulph. Endogenous Spillovers and the Performance of Research Joint Ventures [J]. Journal of Industrial Economics, 1998, 46（3）：333 – 357.

[120] Montero J. P. Permits, Standard, and Technology Innovation [J]. Journal of Environmental Economics and Management, 2002, 44（1）：23 – 44.

[121] Jaffe A. B., Newell R. G., Stavin R. N. Environmental Policy and Technological Change [J]. Environmental and Resource Economics, 2002, 22（1）：41 – 69.

[122] Downing P., White L. J. Innovation in Pollution Control [J]. Journal of Environmental Economics and Management, 1986, 13（1）：18 – 29.

[123] Milliman S. R., Prince R. Firm Incentives to Promote Technological

Change in Pollution Control [J] . Journal of Environmental Economics and Management, 1989, 17 (2): 247 – 265.

[124] Carraro C. Environmental Technological Innovation and Diffusion: Model Analysis [A] //Hemmelshamp J. , Leone F. , Rennings K. Innovation – Oriented Environmental Regulation: Theoretical Approaches and Empirical Analysis [M] . Phsica Verlag, Heidelberg, NY, 2000.

[125] Requate T. , Unold W. Environmental Policy Incentives to Adopt Advanced Abatement Technology: Will the True Ranking Please Stand Up? [J] . European Economic Review, 2003, 47 (3): 125 – 146.

[126] SRU – Rat von Sachverstandigen fur Umweltfragen (German Council of Environmental Adviser) [M] . Umweltgutachten 2002 – Fur Eine neue Vorreiterrolle. Verlag Metzler – Poeschel, Stuttgart, 2002.

[127] Jung C. H. , K. Krutilla, R. Boyd. Incentives for Advanced Pollution Abatement Technology at the Industry Level: An Evaluation of Policy Alternatives [J] . Journal of Environmental Economics and Management, 1996, 30 (1): 95 – 111.

[128] Keohane. Policy Instruments and Diffusion of Pollution Abatement Technology [M] . Harvard University, 1999.

[129] Denicolo V. Pollution – reducing Innovation under Taxes and Permits [J] . Oxford Economic Papers, 1999, 51 (1): 184 – 199.

[130] Yin R. K. Case Study Research: Design and Methods [M] . London: Sage Publications, 1994.

[131] Pavitt K. Patent Statistics as Indicators of Innovative Activities: Possibilities and Problems [J] . Scientometrics, 1985, 7 (1): 77 – 99.

[132] Griliches Z. Patent Statistics as Economic Indicators: A Survey [J]. Journal of Economic Literature, 1990, 21 (3): 1661 – 1707.

[133] Trajtenberg M. A Penny for Your Quotes: Patent Citations and the Value of Innovations [J] . RAND Journal of Economics, 1990, 21 (1): 172 – 187.

[134] Archibugi D. , Pianta M. Measuring Technological Change through Patents and Innovation Surveys [J] . Technovation, 1996, 16 (9): 451 – 468.

［135］ Lachenmaier S. , Wößmann L. Does Innovation Cause Exports? Evidence from Exogenous Innovation Impulses and Obstacles Using German Micro Data ［Z］. Oxford Economic Papers, 2006, 58: 317 – 350.

［136］ Blind K. , Edler J. , Frietsch R. , et al. Motives to Patent: Evidence from Germany ［J］. Research Policy, 2006, 35（5）: 655 – 672.

［137］ Schmoch U. Double – boom Cycles and the Comeback of Science – push and Market – pull ［J］. Research Policy, 2007, 36（7）: 1000 – 1015.

［138］ Grupp H. Foundations of the Economics of Innovation: Theory, Measurement, and Practice ［M］. Edward Elgar, Cheltenham, 1998.

［139］ Furman J. , Porter M. , Stern S. The Determinants of National Innovative Capacity ［J］. Research Policy, 2002, 31（2）: 899 – 933.

［140］ Jean Olson Lanjouw, Ashoka Mody. Innovation and the International Diffusion of Environmentally Responsive Technology ［J］. Research Policy, 1996, 25（4）: 549 – 571.

［141］ Jaffe A. , Palmer K. Environmental Regulation and Innovation: A Panel Study ［J］. The Review of Economics and Statistics, 1997, 22（1）: 610 – 619.

［142］ Grupp H. Umweltfreundliche Innovation Durch Preissignale oder Regulation? Eine Empirische Analyse für Deutschland ［M］. Jahrbücher für Nationalökonomie and Statistik, 1999.

［143］ 赵红. 环境规制对中国产业技术创新的影响 ［J］. 经济管理, 2007, 29（21）: 57 – 61.

［144］ Hamamoto M. Environmental Regulation and the Productivity of Japanese Manufacturing Industries ［J］. Resource and Energy Economics, 2006, 28（2）: 299 – 312.

［145］ Popp D. International Innovation and Diffusion of Air Pollution Control Technologies: The Effect of NO_x and SO_2 Regulation in the US, Japan, and Germany ［J］. Journal of Environmental Economics and Management, 2006, 51（1）: 46 – 71.

［146］ Klaus Rennings, Andreas Ziegler, Kathrin Ankele et al. The Influence of Different Characteristic of the EU Environmental Management and Auditing Scheme on Technical Environmental Innovations and Economic Performance ［J］. Ecological Economics, 2006, 57 (2): 45 – 59.

[147] 黄德春, 刘志彪. 环境规制与企业自主创新——基于波特假设的企业竞争优势构建 [J]. 中国工业经济, 2006 (3): 100 – 107.

[148] 白雪洁, 宋莹. 环境规制、技术创新与中国火电行业的效率提升 [J]. 中国工业经济, 2009 (8): 68 – 77.

[149] 江珂. 环境规制对中国技术创新能力影响及区域差异分析——基于中国 1995～2007 年省际面板数据分析 [J]. 中国科技论坛, 2009 (10): 28 – 33.

[150] Popp D. Pollution Control Innovations and the Clean Air Act of 1990 [J]. Journal of Policy Analysis and Management, 2003, 22 (4): 641 – 660.

[151] Lange I., Bellas A. Technological Change for Sulfur Dioxide Scrubbers Under Market – based Regulation [J]. Land Economics, 2005, 81 (2): 546 – 556.

[152] Popp D. Lessons from Patents: Using Patents to Measure Technological Change in Environmental Models [J]. Ecological Economics, 2005, 54 (2): 209 – 226.

[153] Newell R. G., Jaffe A. B., Stavins R. N. The Induced Innovation Hypothesis and Energy – saving Technological Change [J]. Quarterly Journal of Economics, 1999, 114 (3): 941 – 975.

[154] Popp D. Induced Innovation and Energy Prices [J]. American Economic Review, 2002, 92 (2): 160 – 180.

[155] Lutz C., Meyer B., Nathani C., Schleich J. Endogenous Technological Change and Emissions: The Case of the German Steel Industry [J]. Energy Policy, 2005, 33 (9): 1143 – 1154.

[156] Johnstone N., Haščič I. and Popp D. Renewable Energy Policies and Technological Innovation: Evidence Based on Patent Counts [J]. Environmental and Resource Economics, 2010, 45 (1): 133 – 155.

[157] Atkinson S. E., R. Halvorsen. A New Hedonic Technique for Estimating Attribute Demand: An Application to the Demand for Automobile Fuel Efficiency [J]. Review of Economics and Statistics, 1984, 66 (1): 417 – 426.

[158] Wilcox J. Automobile Fuel Efficiency: Measurement and Explanation [J]. Economic Inquiry, 1984, 22 (3): 375 – 385.

［159］Pakes A. , S. Berry, J. A. Levinsohn. Application and Limitations of Some Recent Advances in Empirical Industrial Organization: Prices Indexes and the Analysis of Environmental Change ［J］. American Economic Review, 1993, 83 (3): 240 - 246.

［160］Goldberg P. K. The Effects of the Corporate Average Fuel Efficiency Standards in the US ［J］. Journal of Industrial Economics, 1998, 46 (1): 1 - 33.

［161］Popp D. The Effect of New Technology on Energy Consumption ［J］. Resource and Energy Economics, 2001, 23 (4): 215 - 239.

［162］Berry S. , Kortum S. , Pakes A. Environmental Change and Hedonic Cost Functions for Automobiles ［J］. Proceedings of the National Academy of Sciences, 1996, 93 (23): 12731 - 12738.

［163］宋泓，柴瑜，张泰. 市场开放、企业学习及适应能力和产业成长模式转型——中国汽车产业案例研究 ［J］. 管理世界，2004 (8): 61 - 75.

［164］赵红. 环境规制对企业技术创新影响的实证研究——以中国30个省份大中型工业企业为例 ［J］. 软科学，2008 (6): 121 - 125.

［165］尹栾玉. 政府规制与汽车产业自主创新——兼论后危机时代中国汽车产业的发展路径 ［J］. 江海学刊，2010 (4): 88 - 93.

［166］杨沿平，唐杰，周俊. 我国汽车产业自主创新现状、问题及对策研究 ［J］. 中国软科学，2006 (3): 11 - 16.

［167］史自力. 美日欧汽车产业技术研发的实证分析 ［J］. 经济与管理研究，2005 (3): 43 - 47.

［168］任海英，程善宝，黄鲁成. 区域新兴技术产业化的系统动力学研究——以新能源汽车产业为例 ［J］. 科技进步与对策，2010, 27 (13): 39 - 44.

［169］欧阳明高. 我国节能与新能源汽车技术发展战略与对策 ［J］. 中国科技产业，2006 (2): 8 - 13.

［170］Freeman C. The Economics of Industrial Innovation ［M］. London: Francis Printer, 1982.

［171］易余胤，盛昭瀚，肖条军. 企业自主创新、模仿创新行为与市场结构的演化研究 ［J］. 管理工程学报，2005 (1): 14 - 18.

［172］Rao, Hayagreeva, Drazin, Robert. Overcoming Resource Constraints on Product Innovation by Recruiting Talent Form Rivals: A Study of the Mutual Fund Industry ［J］. Academy of Management Journal, 2002, 45 (3): 1484 – 1498.

［173］Collis D. J. A Resource – based Analysis of Global Competition: The Case of the Bearings Industry ［J］. Strategic Management Journal, 1991, 12 (1): 49 – 68.

［174］Henderson R. M., Clark, K. B. Architectural Innovation: The Reconfiguration of Existing Product Technologies and the Failure to Establish Firms ［J］. Administrative Science Quarterly, 1990, 29 (1): 26 – 42.

［175］Segerstron P. S. Innovation, Imitation, and Economic Growth ［J］. Journal of Political Economic, 1991, 99 (2): 807 – 827.

［176］肖条军, 盛昭瀚, 程书萍. 纵向型集团 R&D 及其经济增长的博弈分析 ［J］. 管理科学学报, 2002 (8): 1 – 6.

［177］任峰, 李垣. 决策主体、创新策略对技术创新影响的实证分析 ［J］. 预测, 2003, 22 (3): 47 – 51.

［178］赵更申, 雷巧玲, 陈金闲, 李垣. 战略导向、组织柔性对创新选择影响的实证研究 ［J］. 预测, 2006, 25 (5): 16 – 22.

［179］李垣, 陈龙波, 赵永彬. 战略导向、内部控制和技术创新的关系分析 ［J］. 预测, 2009, 28 (2): 33 – 36.

［180］艾冰, 陈晓红. 政府采购与自主创新的关系 ［J］. 管理世界, 2008 (3): 169 – 170.

［181］蒋军锋, 盛昭瀚, 王修来. 基于能力不对称的企业技术创新合作模型 ［J］. 系统工程学报, 2009, 24 (3): 335 – 342.

［182］Cyert R. M., March J. G. A Behavioral Theory of the Firm ［M］. Prentice Hall, Englewood Cliffs, 1963.

［183］Bourgeois L. J. On the Measurement of Organizational Slack ［J］. Academy of Management Reviews, 1981, 6 (1): 29 – 39.

［184］Nohria and Gulati R. Is Slack Good or Bad for Innovation? ［J］. Academy of Management Journal, 1996, 39 (5): 1245 – 1264.

［185］Peng M. W. , Heath P. S. The Crowth of the Finn in Planned Economics in Transition: Institutions, Organizations and Strategic Choice ［J］. Academy of Management Review, 1996.

［186］Scott W. R. Institutions and Organizations (Foundations for Organizational Science) ［M］. Ca: Sage Publications: Thousand Oaks, 1995.

［187］邹国庆, 倪昌红. 经济转型中的组织冗余与企业绩效: 制度环境的调节作用 ［J］. 中国工业经济, 2010 (11): 120 - 129.

［188］方润生, 李雄诒. 组织冗余的利用对中国企业创新产出的影响 ［J］. 管理工程学报, 2005 (3): 15 - 20.

［189］Cheng J. L. C. , Kesner I. F. Organizational Slack and Response to Environment Shifts: The Impact of Resource Allocation Patterns ［J］. Journal of Management, 1997, 23 (1): 1 - 18.

［190］Pamela D. M. , John H. R. , Eric H. Determinants of User Innovation and Innovation Sharing in a Local Market ［J］. Management Science, 2000, 46 (12): 1513 - 1527.

［191］Nohria N. , Gulati R. What is the Optimum Amount of Organizational Slack? A Study of the Relationship between Slack and Innovation in Multinational Firms ［J］. European Management Journal, 1997, 15 (6): 603 - 611.

［192］M. B. Lawson. In Praise of Slack: Time is of the Essence ［J］. The Academy of Managemtn Executive, 2001, 15 (3): 125 - 135.

［193］Damanpour F. , Gopalakrishnan S. The Dynamics of the Adoption of Product and Process Innovations in Organizations ［J］. Journal of Management Study, 2001, 38 (1): 45 - 65.

［194］Frost P. J. , Egri C. P. The Political Process of Innovation ［J］. Research in Organizational Behavior, 1991, 13 (2): 229 - 295.

［195］Tornatzky L. G. , Fleischer M. The Process of Technological Innovation ［M］. Lexington, MA: Lexington Books, 1990.

［196］Jonathan P. O'Brien. The Capital Structure Implications of Pursuing a Strategy of Innovation ［J］. Strategic Management Journal, 2003, 24 (5): 415 - 431.

［197］蒋春燕，赵曙明．组织冗余与绩效的关系：中国上市公司的时间序列实证研究［J］．管理世界，2004（5）：108－115.

［198］方润生，王长林．企业决策方式与组织冗余之间的关系［J］．研究与发展管理，2008（10）：47－51.

［199］陈龙波，赵永彬，李桓．组织冗余研究评述［J］．科学学与科学技术管理，2007（9）：158－162.

［200］张长征，李怀祖．组织冗余对企业知识管理能力的影响研究［J］．科学学与科学技术管理，2008（10）：108－112.

［201］赵中奇，王浣尘，潘德惠．随机控制的极大值原理及其在投资决策中的应用［J］．控制与决策，2002，17（1）：826－828.

［202］张化尧，万迪昉，袁安府．基于创新外溢性与不确定性的企业 R&D 行为分析［J］．管理工程学报，2005，19（1）：60－64.

［203］包群．自主创新与技术模仿：一个无规模效应的内生增长模型［J］．数量经济技术经济研究，2007（10）：24－34.

［204］张尧，杨忠．从模仿到创新：知识类型与组织学习方式的适配与转化［J］．研究与发展管理，2007，19（5）：32－38.

［205］Baptista R. Geographical Clusters and Innovation Diffusion［J］. Technological Forecasting and Social Change，2001，66（1）：31－46.

［206］魏江．小企业集群创新网络的知识溢出效应分析［J］．科研管理，2003，24（4）：54－60.

［207］郭劲光，高竟美．网络、资源与竞争优势——一个企业社会学视角下的观点［J］．中国工业经济，2003（3）：79－86.

［208］邬爱其．集群企业网络化成长机制研究——对浙江三个产业集群的实证研究［D］．浙江大学博士学位论文，2004.

［209］邵云飞，谭劲松．区域技术创新能力形成机理探析［J］．管理科学学报，2006，8（4）：1－11.

［210］Rogers E. M. Diffusion of Innovations（4th eds.）［M］. New York：The Free Press，1995.

［211］周振华．产业结构成长中的创新扩散与群集——兼论若干模型在我国

的运用［J］．南开经济研究，1991（4）：38－43.

［212］Fourt L. A.，Woodlock J. W. Early Prediction of Market Success for New Grocery Products［J］．Journal of Marketing，1960，25（2）：31－38.

［213］Mansfield E. Technical Change and the Rate of Imitation［J］. Econometrica，1961，29（4）：741－766.

［214］Bass F. M. A New Product Growth for Model Consumer Durables［J］. Management Science，1969，15（5）：215－225.

［215］龚晓光，黎志成．基于多智能体仿真的新产品市场扩散研究［J］．系统工程理论与实践，2003，23（12）：59－62.

［216］赵志，孙林岩，汪应洛．面向产品创新的过程再造与集成管理研究［J］．管理科学学报，2001，4（6）：24－29.

［217］Theodore Modis. Genetic Re－engineering of Corporations［J］. Technological Forcasting and Social Change，1987，56（2）：107－118.

［218］艾新政，唐小我．两种产品竞争与扩散模型研究［J］．电子科技大学学报，1998，14（3）：440－444.

［219］王朋，王健，孙骅．惯性购买市场中的品牌竞争扩散模型［J］．系统工程，2008，26（8）：88－92.

［220］胡振华，刘宇敏．非正式交流——创新扩散的重要渠道［J］．科技进步与对策，2002，19（8）：72－73.

［221］A. Kaufmann，P. Lehner，F. Tödtling. Effects of the Internet on the Spatial Structure of Innovation Networks［J］．Information Economics and Policy，2003，15（3）：402－424.

［222］Simona Iammarino，Philip McCann. The Structure and Evolution of Industrial Clusters：Transactions，Technology and Knowledge Spillovers［J］．Research Policy，2006，35（7）：1018－1036.

［223］谭永基，蔡志杰，俞文魮．数学模型［M］．上海：复旦大学出版社，2005.

［224］韩菁．技术创新扩散的综合分析［J］．科研管理，1995，16（1）：34－39.

［225］刘凤朝，潘雄锋．我国八大经济区专利结构分布及其变动模式研究 ［J］．中国软科学，2005（6）：96－100.

［226］李东梅，李石柱，唐五湘．我国区域科技资源配置效率情况评价 ［J］．北京机械工业学院学报，2003，20（3）：50－55.

［227］邵云飞，欧阳青燕．基于多元统计的我国区域技术创新能力分类特征 ［J］，系统工程，2009，27（6）：15－22.

［228］范群林，邵云飞．中国30个地区环境技术创新能力分类特征 ［J］．中国人口·资源与环境，2011，21（6）：31－36.

［229］Adam B. Jaffe, Manuel Trajtenberg, Rebecca Henderson. Geographic Localization of Knowledge Spillovers as Evidenced by Patent Citations ［J］. The Quarterly Journal of Economics, 1993, 108（3）：557－598.

［230］Günther Ebling, Norbert Janz. Export and Innovation Activities in the German Service Sector：Empirical Evidence at the Firm Level ［C］. ZEW Discussion Paper, No. 99－53, 1999.

［231］Norbert Janz, Hans Lööf, Bettina Peters. Firm Level Innovation and Productivity—Is there a Common Story Across Countries? ［C］. ZEW Discussion Paper No. 03－26, 2003.

［232］李文娟．论技术市场与科技创新的内在联系 ［J］．内蒙古科技与经济，2008（21）：180－182.

［233］方红燕，王今，刘克强．汽车行业耗能分析与节能技术研究 ［J］．汽车与配件，2009（4）：42－45.

［234］Engle Robert F. , Granger C. W. J. Co－integration and Error Correction：Representation, Estimation and Testing ［J］. Econometrics, 1987, 55（2）：251－276.

［235］尹栾玉．政府规制与汽车产业自主创新——兼论后危机时代中国汽车产业的发展路径 ［J］．江海学刊，2010（4）：88－93.

［236］封凯栋，尹同耀，王彦敏．奇瑞的创新模式 ［J］．中国软科学，2007（3）：76－85.

［237］路风，封凯栋．为什么自主开发是学习外国技术的最佳途径——以日韩两国汽车工业发展经验为例 ［J］．中国软科学，2004（4）：6－11.